Sumar y multiplicar: ¿diferentes o iguales?

La multiplicación de números naturales en la Escuela Primaria

Adriana González

González, Adriana
    Sumar y multiplicar ¿diferentes o iguales?: la multiplicación de números naturales en la escuela primaria.
    - 1a ed. - Rosario: Homo Sapiens Ediciones, 2013.
    112 p.; 20x14 cm. - (Haciendo matemática / Adriana González)

    1. Matemática.Enseñanza.
    CDD 372.7

Colección: **Haciendo Matemática**
Dirigida por Adriana González

© 2013 • **Homo Sapiens Ediciones**
Sarmiento 825 (S2000CMM) Rosario | Santa Fe | Argentina
Telefax: 54 341 4406892 | 4253852
E-mail: editorial@homosapiens.com.ar
Página web: www.homosapiens.com.ar

Queda hecho el depósito que establece la ley 11.723
Prohibida su reproducción total o parcial

Diseño editorial y tapa: Lucas Mililli

Este libro se terminó de imprimir en febrero de 2014
en **Grafica Amalevi SRL.** | Mendoza 1851/53
2000 Rosario | Santa Fe | Argentina

A Luis y Gricel.
A mis compañeros directivos, maestros y profesores.
A mis alumnos de escuela primaria y del profesorado.

ÍNDICE

Introducción 6

Capítulo 1
Enfoque del área de matemática 8

✓ Modelo apropiativo 8
✓ La clase de matemática y el enfoque
   de la *resolución de problemas* 9

Capítulo 2
La multiplicación de números naturales 24

✓ ¿Qué significa "saber multiplicar"? 24
✓ La suma y la multiplicación 27
✓ ¿Es posible abordar la multiplicación desde 1° año? 31

Capítulo 3
Los significados de la multiplicación 36

✓ Series proporcionales 36
✓ Combinatoria 44
✓ Organizaciones rectangulares 49

Capítulo 4
Las propiedades de la multiplicación de números naturales 60

- ✓ Propiedad conmutativa 61
- ✓ Propiedad asociativa 63
- ✓ Propiedad distributiva con respecto a la suma 64

Capítulo 5
Los productos multiplicativos 67

- ✓ El signo "X" 67
- ✓ Las tablas de multiplicar 72

Capítulo 6
Los cálculos de multiplicar 78

- ✓ Cálculo mental 79
- ✓ Cálculo estimativo 92
- ✓ Cálculo mecanizado 95
- ✓ Cálculo algorítmico 98

Bibliografía 103

Introducción

Enseñar es una tarea compleja que implica por parte del docente una constante toma de decisiones, un papel protagónico en el armado, selección y complejización de las propuestas de enseñanza.

Los alumnos aprenden matemática a partir de lo que "hacen", de los problemas que resuelven, de lo que accionan, piensan, analizan... en torno a los conceptos que deben construir. De ahí que promover prácticas que aseguren aprendizajes significativos en un clima que favorezca la producción y el intercambio es un gran desafío para el docente.

El propósito de este libro es acompañar al docente en su labor diaria presentando propuestas relacionadas con la multiplicación de números naturales que sean realizables, que funcionen, que sean una oportunidad de apropiación del conocimiento, que contribuyan para que "hacer matemática" sea una realidad de las aulas.

En el *Capítulo 1* comenzamos discurriendo acerca de las particularidades del modelo apropiativo para luego analizar algunas de las *decisiones didácticas* que el docente deberá tener en cuenta a la hora de plantear problemas que se encuadren dentro del enfoque de la resolución de problemas.

Luego, en el *Capítulo 2,* nos centramos en la conceptualización del significado "saber multiplicar" para después diferenciar a la suma de la multiplicación estableciendo en qué casos una situación multiplicativa se resuelve mediante la suma reiterada de un mismo número. Por último, reflexionamos en torno a ampliar, desde 1° año, el tipo de situaciones a proponer a los alumnos.

El *Capítulo 3* está destinado a la consideración de los significados de la multiplicación de números naturales, a saber: serie proporcionales, combinatoria y organizaciones rectangulares, presentando en cada caso situaciones posibles de ser abordadas con los alumnos.

El *Capítulo 4* está centrado en las propiedades de la multiplicación de números naturales, considerando que su estudio debe comenzar en el Primer Ciclo a partir de la comparación y manipulación de cantidades, de la expresión verbal y numérica de las regularidades descubiertas y de la aplicación de lo descubierto a la resolución de diferentes problemas.

En el *Capítulo 5* abordamos la utilización del signo "X" como economía de escritura, proponiendo situaciones que permitan, a los alumnos, pasar de *"3 veces 5"* a *"3 x 5"* reflexivamente. Continuamos considerando la importancia de que los niños posean en disponibilidad de memoria ciertas expresiones multiplicativas, motivo por el cual hacemos referencia a las tablas de multiplicar.

Por último, en el *Capítulo 6* nos centramos en los cálculos de multiplicar analizando el cálculo mental, el estimativo, el mecanizado y el algorítmico.

Capítulo 1
Enfoque del área de matemática

En el mundo actual nadie discute acerca de la importancia que tiene el aprendizaje matemático dentro de la formación de los alumnos. Es un bien social, patrimonio de la humanidad que merece ser transmitido, conservado y ampliado; por lo tanto, desde los primeros contactos, el estudiar matemática debe ser una forma de acercarse al quehacer propio de la disciplina.

La apropiación que el niño hace de los contenidos matemáticos depende tanto de la selección de problemas que el docente realiza como de la variedad de contextos en que se presenta un mismo concepto.

Modelo apropiativo

El *aprendizaje matemático* siempre apareció relacionado a la capacidad de resolver problemas. A lo largo de la historia ha pasado por diferentes modelos de enseñanza, hoy se lo sitúa adentro del *modelo apropiativo, constructivista, centrado en la construcción del saber por parte del alumno.*

En este modelo el *docente* propone y organiza situaciones con distinto nivel de dificultad, mientras que el *alumno* ensaya, busca, propone soluciones, las confronta con las de sus compañeros, las define, las discute. El *saber* es considerado en su propia lógica. Los tres elementos *docente-alumno-saber* interactúan dinámicamente.

El *problema* se constituye en el *centro de los procesos de aprendizaje y de enseñanza*, porque a partir de él podemos:

- ✓ *Diagnosticar*: plantear problemas que permitan conocer el estado inicial de los conocimientos de los alumnos.
- ✓ *Enseñar*: partiendo de los saberes detectados, el docente plantea problemas que permiten a los alumnos reorganizar, resignificar, ampliar, sistematizar sus conocimientos en nuevas construcciones.
- ✓ *Evaluar*: a partir de problemas similares a los trabajados el docente evalúa el nivel de logros alcanzados.

La relación triangular que se da dentro del modelo puede ser esquematizada de la siguiente forma:

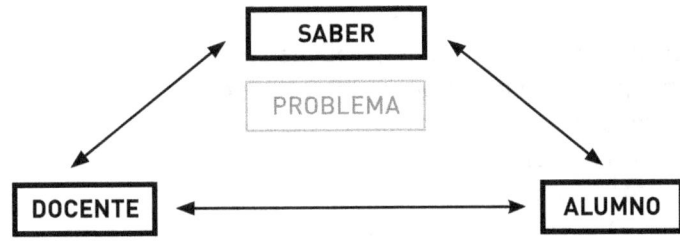

La clase de matemática y el enfoque de la *resolución de problemas*

En nuestra propuesta privilegiamos la construcción de sabe-res por parte del alumno. El alumno, resolviendo y planteando problemas, en interacción con el docente que guía, con el saber y sus pares se apropia de los contenidos que intencionalmente se enseñan. El docente debe propiciar formas de enseñar que logren quelos conocimientos matemáticos se carguen de sentido haciendo que sus prácticas estén relacionadas con los diferentes contextos del concepto a construir.

Por lo tanto, uno de sus desafíos es llevar adelante una enseñanza que permita aprender matemática haciendo matemática; es decir, lograr que todos los alumnos sean protagonistas del quehacer matemático en el aula, que sean actores de su saber, posibilitando que los conocimientos adquieran sentido para ellos.

Propiciar un trabajo basado en los modos de hacer y pensar propios de la matemática permite concebirla como un producto social, histórico y en permanente transformación.

Algunas de las *decisiones didácticas* que el docente deberá tener en cuenta a la hora de plantear problemas, propuestas, secuencias, etc., que se encuadran dentro de este enfoque de enseñanza son:
- ✓ Plantear problemas.
- ✓ Proponer un trabajo exploratorio.
- ✓ Aceptar el error.
- ✓ Propiciar la producción y generalización de conjeturas.
- ✓ Favorecer la reorganización y establecimiento de relaciones entre conceptos.
- ✓ Enseñar a estudiar.
- ✓ Organizar secuencias didácticas.
- ✓ Pensar en la organización grupal.
- ✓ Tener en cuenta los momentos del trabajo matemático.
- ✓ Evaluar los logros alcanzados.

Plantear problemas

Dentro de este enfoque, el *problema* implica un obstáculo cognitivo que permite a los alumnos enfrentar el desafío de resolver algo a partir de los conocimientos de que disponen y a su vez les demanda la producción de ciertas relaciones para llegar a una solución posible, que puede ser incompleta o incorrecta, favoreciendo de esta forma los procesos constructivos.

La escuela, a partir de los conocimientos intuitivos y extraescolares, debe permitir a los alumnos establecer interacciones que los lleven a reelaborar sus saberes hacia nuevos conocimientos.

Para que los problemas se constituyan en un motor de producción de conocimientos será necesario que los alumnos puedan reorganizar sus estrategias de resolución, pensar nuevas estrategias, intentar aproximaciones, abandonar resoluciones erróneas..., lo que se logra a partir de un trabajo continuo que puede realizarse en varias jornadas de clases.

La resolución de problemas, por parte de los alumnos, es central para que puedan involucrarse en la producción de conocimientos matemáticos.

Veamos, por ejemplo, las siguientes situaciones:

En la verdulería
En una verdulería hay 4 cajones de melones.
El 1° tiene 20 melones; el 2°, 12 melones; el 3°, 5 melones menos que el 1° y el 4° 6 melones más que el 2°.
¿Cuántos melones hay en la verdulería?

Los niños deberán realizar una lectura comprensiva que los lleve a establecer relaciones entre los datos, a decidir qué cálculos le son pertinentes para resolver el interrogante planteado. De esta forma el docente está planteando un problema, un desafío cognitivo.

En la obra
Un albañil debe trasladar 314 ladrillos de un lugar a otro de la obra; si en cada viaje lleva 11 ladrillos, ¿cuántos viajes hará? *(No olvidar agregar un viaje más por el resto.)*

En esta situación, al incluir como parte del enunciado *(No olvidar agregar un viaje más por el resto)*, se está indicando tanto la operación a realizar como qué hacer con el resto. Los alumnos sólo deberán realizar el cálculo de 314 : 11 y luego para dar la respuesta sumar "uno" al cociente obtenido. Aquí no se plantea un problema dado que se indica lo que se debe hacer; es decir, cuál es el camino de resolución a seguir.

Proponer un trabajo exploratorio

El aula debe ser un espacio de construcción colectiva de conocimientos matemáticos donde los alumnos exploren, prueben, ensayen, abandonen lo hecho, comiencen nuevamente la búsqueda. Para lo cual el docente debe plantear problemas, ofrecer tiempo y espacio para que los alumnos se equivoquen, encuentren aproximaciones correctas o incorrectas, busquen ejemplos...

Así las estrategias iniciales de los alumnos que, por lo general, no son ni "expertas" ni "económicas", constituyen el punto de partida para la producción de nuevos conocimientos.

Por ejemplo, dentro de la construcción del Sistema de Numeración Decimal es común que los alumnos de 1° año, al tener que escribir 105 lo hagan como:

| 100 Y 5 | 100 + 5 | 100 5 |

Al preguntarles "¿Por qué?", dan respuestas del tipo: "Digo ciento cinco, por eso escribo cien y cinco", "Lo escribo como se dice", "Es el 100 con el 5"...

Un trabajo exploratorio les permitirá modificar sus hipótesis incompletas que ponen de manifiesto sus conocimientos orales, dado que escriben los números como los nombran.

Aceptar el error

Dentro de esta forma de "hacer matemática" el *error* ocupa un lugar importante, es considerado parte del proceso constructivo y constituye una marca visible del estado del conocimiento en un momento dado. A veces los errores de los alumnos tienen explicaciones basadas en su propia lógica, es tarea del docente comprenderlos y colaborar para su superación. Ejemplo de esto es lo planteado con la forma en que los niños escriben el número 105.

Propiciar la producción y generalización de conjeturas

Las *conjeturas* o *hipótesis* son las ideas que los alumnos elaboran al resolver y analizar problemas de diferente índole. Son las respuestas que encuentran, las relaciones que establecen, aún cuando no sea claro, ni para ellos, si son o no relaciones ciertas.
Ejemplos de conjeturas son:
- ✓ "Si un número es más largo es más grande".
- ✓ "Multiplicar por 8 da el doble que multiplicar por 4".
- ✓ "Creo que 9 + 8 da 17".

Pero el trabajo matemático no sólo implica producir conjeturas sino además "hacerse cargo"; es decir, dar cuenta de la verdad o falsedad de las conjeturas o hipótesis formuladas, de los resultados hallados y de las relaciones que se establecen. Continuando con los ejemplos anteriores, podemos decir que:
- ✓ Para la conjetura "Multiplicar por 8 da el doble que multiplicar por 4" será necesario identificar que 2 x 4 = 8, que 2 x 8 = 16, siendo 16 el doble que 8, y así sucesivamente.
- ✓ Mientras que para la conjetura "Creo que 9 + 8 da 17" será suficiente considerar que 8 + 8 da 16, que 9 es uno más que 8, entonces se agrega 1 al resultado, así 16 + 1 = 17.

Además, los alumnos deberán analizar *bajo qué condiciones* una conjetura es válida. Si la validez de una conjetura es para todos los casos, se establecen *generalizaciones*; caso contrario, se indicarán límites. Por ejemplo, la conjetura "si un número es más largo es más grande" es válida sólo para el campo de los números naturales, dejando de serlo para las expresiones decimales.

Favorecer la reorganización y establecimiento de relaciones entre conceptos

El docente deberá proponer a su grupo instancias que le permitan establecer relaciones entre los conocimientos nuevos y los que han adquirido anteriormente. Por ejemplo, es importante que los alumnos comprendan que el sistema de numeración decimal se relaciona con SIMELA y que las relaciones construidas dentro de los números naturales se modifican al expresarlos en fracciones y expresiones decimales.

También se debe favorecer la reflexión en torno de un conjunto de problemas, para clasificarlos. Por ejemplo, establecer relaciones entre los problemas de organizaciones rectangulares y series proporcionales implica mirar la multiplicación y el modelo proporcional como objetos en sí mismos.

Enseñar a estudiar

Si bien el abordaje de nuevos problemas se realiza dentro del ámbito escolar a través de un trabajo exploratorio —momentos de comunicación y análisis de respuestas y estrategias, espacios de argumentación y búsqueda de la verdad, análisis colectivo de errores y aciertos, instancias de sistematización, etc.— es necesario incluir, también, momentos de *estudio* en los cuales se desarrollará una actividad personal que permita reflexionar sobre el trabajo realizado.

Para que los alumnos se involucren y tomen conciencia de los nuevos conocimientos que gradualmente incorporan a sus

saberes, se les deberá proponer actividades, en clase y fuera de ella, que los orienten en la tarea de *"estudiar"* tales como:
- ✓ releer las conclusiones elaboradas en forma colectiva,
- ✓ rehacer los problemas más complejos,
- ✓ realizar "simulacros" de evaluación con problemas similares a los que tendrá la prueba escrita,
- ✓ revisar problemas solucionados para reflexionar sobre las estrategias utilizadas,
- ✓ elaborar fichas que permitan: ordenar temas, recabar información que se necesita retener, etc.,
- ✓ organizar tutorías entre alumnos para que unos ayuden a los otros,
- ✓ ...

Organizar secuencias didácticas

Para que los alumnos *progresen*, *evolucionen* en la apropiación de los conocimientos matemáticos, es necesario que el docente presente tanto un contenido en diferentes contextos como la reiteración de actividades, dado que los aprendizajes matemáticos no se construyen de una sola vez sino que requieren de sucesivas aproximaciones y resignificaciones.

Así los alumnos, al evolucionar, logran dominar mejor lo que ya saben o enriquecerlo con nuevos sentidos o modificarlo para reorganizarlo en un nuevo campo de saberes como producto de la incorporación de nuevos conceptos.

Una propuesta didáctica de calidad conlleva a que los problemas, las situaciones de aprendizaje, se encadenen formando *secuencias didácticas* que tienden a complejizar, resignificar, transformar un concepto.

El armado de secuencias didácticas cobra relevancia a la hora de pensar *qué* y *cómo* enseñar.

Una secuencia didáctica es un conjunto de actividades que guardan coherencia entre sí; son actividades diferentes pensadas para favorecer la construcción de determinados conocimientos.

Cada actividad se engarza con la otra y en su conjunto presentan diferentes modos de aproximación al contenido.

El trabajo matemático a partir de secuencias genera aprendizajes relacionados y no entrecortados, de modo tal que imprimen sentido y riqueza a las acciones.

Al armar secuencias didácticas, el docente debe pensar variables didácticas. Según el ERMEL (1990), "Variable didáctica es una variable de la situación sobre la cual el docente puede actuar y que modifica las relaciones de los alumnos con las nociones en juego, provocando la utilización de distintas estrategias de resolución".

Supongamos que Julieta, docente de 3° año, les plantea a sus alumnos que en parejas resuelvan la siguiente situación:

Situación 1

La sandwichería de Pedro

Escriban cómo son los sándwiches que lleva Pedro.

"Acá llevo sándwiches de jamón, salchichón, mortadela y salame. Algunos son de pan negro y otros de pan blanco. En cada sándwich hay sólo un tipo de fiambre."

Una vez que las diferentes parejas realizan la actividad y presentan sus producciones, les propone:

Situación 2

Si se hubiesen armado sándwiches con los mismos tipos de pan, pero sólo con dos tipos de fiambre diferentes, ¿se habrían podido armar la misma cantidad de sándwiches? ¿Por qué?
---○-○─

Una vez que las parejas resuelven, discuten, analizan lo realizado, les plantea:

Situación 3

Para armar seis tipos de sándwiches diferentes, ¿qué cantidad de fiambres se habrían necesitado?
---○-○─

Las situaciones presentadas por Julieta constituyen una secuencia didáctica relacionada con uno de los significados de la multiplicación de números naturales: combinatoria (ver Capítulo 3).

En la secuencia se presentan situaciones con diferente nivel de complejidad:

- ✓ *Situación 1*. Cada pareja responde usando el procedimiento que considere más adecuado: dibujos, diagrama de árbol, cuadros o expresión multiplicativa. Se dan a conocer la cantidad de fiambres y panes a utilizar.
- ✓ *Situación 2*. Los niños comenzarán pensando qué sucede si se usan dos tipos de fiambres y los mismos panes. Luego deberán darse cuenta de que al variar la expresión multiplicativa se modifica la cantidad de sándwiches que se pueden armar.
- ✓ *Situación 3*. Es inversa a las anteriores, dado que se explicita la cantidad total de sándwiches y se pregunta la cantidad de fiambres necesarios, los niños deberán buscar una expresión multiplicativa que dé por resultado 6.

Pensar en la organización grupal

El docente, a la hora de seleccionar el problema a trabajar, también debe pensar en el tipo de organización grupal con la cual lo propondrá, teniendo en cuenta el nivel de conocimientos que el problema involucra y las interacciones que se pretende promover.

A veces es necesario comenzar con un trabajo individual para que cada niño enfrente el problema desde los conocimientos que dispone. Este acercamiento, por lo general, será el punto de partida para un posterior análisis colectivo.

En otras oportunidades es conveniente comenzar con un trabajo en pequeños grupos o parejas para que los alumnos puedan interactuar entre ellos enriqueciendo la producción. Por ejemplo:
- ✓ "Enviar un mensaje con la descripción de una figura para que otros la reproduzcan".
- ✓ "Plantear un problema para que otro grupo lo resuelva".
- ✓ "Escribir un cálculo para que otros lo interpreten".

Tener en cuenta los momentos del trabajo matemático

Al implementar las situaciones de enseñanza, el docente anticipa una organización que incluye distintos momentos. Estos son:

- ✓ *Presentación de la situación*
  Es el momento en el cual el docente plantea el problema, indica la organización grupal y se asegura de que la tarea haya sido comprendida por todos. El docente tiene un rol protagónico. Generalmente se realiza en grupo total. Coincide con el *inicio* de la actividad.

- ✓ *Momento de resolución*
  Puede ser individual o bien en pequeños grupos o parejas, de acuerdo con el tipo de situación que se plantee.

El protagonismo pasa del docente a los alumnos pues ellos intercambian opiniones, discuten, confrontan formas de resolución, con el fin de dar respuesta al problema planteado. El docente cumple un rol de guía, de orientador de la tarea. Este momento coincide con el *desarrollo* de la actividad.

✓ *Presentación de los resultados o puesta en común*
Es un espacio de trabajo colectivo que permite la socialización, comunicación, explicitación de las estrategias producidas para que todos puedan conocerlas y, de ser posible, reutilizarlas.

Los alumnos deben fundamentar sus respuestas y aceptar los posibles errores. Se desarrolla una argumentación sobre el problema y las estrategias de resolución se analizan en función del problema a resolver.

Este momento permite, a los alumnos, tomar distancia y reflexionar sobre lo realizado y, al docente, conocer el nivel de construcción alcanzado por ellos.

Tanto el docente como el alumno protagonizan este momento ya que intercambian opiniones, descubrimientos, procedimientos, etc., en torno al saber a construir.

✓ *Síntesis de lo realizado*
Es un momento destinado a elaborar generalidades, *establecer límites* a las resoluciones presentadas, buscar nuevas relaciones, identificar los conocimientos matemáticos que se pusieron en juego en la resolución y análisis, y también analizar errores con el objetivo de elaborar explicaciones que permitan revertirlos.

Permite recapitular y comparar los conocimientos anteriores con los nuevos, tomar conciencia de las progresivas reorganizaciones del conocimiento. Es un trabajo reflexivo sobre el propio proceso de estudio.

El docente adopta un rol protagónico como coordinador del debate dado que su saber asimétrico hace que tenga clara la finalidad que persigue.

Los dos últimos momentos mencionados se llevan adelante dentro del *cierre* de la actividad.

Estos momentos no necesariamente se deben cumplimentar en un mismo día de trabajo. Puede haber inicios y desarrollos sucesivos que se engloban en un cierre posterior, que retoma lo realizado en los diferentes días. A veces, el cierre se puede transformar en el inicio de la actividad siguiente, dando a conocer el estado de construcción alcanzado. En este caso, son los niños quienes asumen un rol activo y el docente coordina.

Retomando la Situación 1, "La sandwichería de Pedro", podemos decir que:

- ✓ El *momento de presentación de la situación o inicio* se da cuando Julieta le plantea a su grupo de alumnos que "en parejas resuelvan la situación La sandwichería de Pedro". Aquí Julieta asume un rol protagónico dado que indica tanto la actividad como la organización grupal.
- ✓ El *momento de resolución* se da cuando los niños, en parejas, resuelven la situación propuesta. Son ellos los protagonistas de este momento.
- ✓ El *momento de presentación de resultados o puesta en común* se da cuando las diferentes parejas exponen los procedimientos seguidos. Supongamos que los diferentes grupos resuelven correctamente el interrogante planteado, usando como procedimientos: cuadros de doble entrada, dibujos y diagrama de árbol. Aquí el protagonismo es tanto del docente como de los alumnos.
- ✓ *El momento de síntesis de lo realizado* se da cuando Julieta, a partir de las decisiones tomadas por los alumnos, los hace reflexionar acerca de cuál sería la expresión multiplicativa que resuelve la situación. Una vez que los niños descubren que es 4 x 2, concluyen diciendo que "con la multiplicación se puede resolver", "al multiplicar la

cantidad de panes por la cantidad de fiambres tenemos el resultado", "no hace falta hacer otras cosas, con multiplicar basta",... En este momento, Julieta asume el protagonismo, hace reflexionar a los alumnos en torno al concepto que intencionalmente les propuso trabajar.

Evaluar los logros alcanzados.

La evaluación es parte inherente de los procesos de enseñanza y de aprendizaje, dado que suministra información que da direccionalidad al proceso de enseñar. Hay distintos tipos de evaluación:

✓ *Evaluación inicial o de diagnóstico.*
Permite relevar información acerca del punto de partida de los conocimientos de los alumnos respecto de un determinado contenido. Da luz a la hora de planificar la enseñanza porque permite conocer los conocimientos disponibles de la clase.

No se trata de evaluar a cada alumno sino de identificar los conocimientos que están disponibles en la mayor parte de ellos. Son el punto de partida, por lo tanto, se debe realizar no sólo al comienzo del año sino antes de la enseñanza de los distintos contenidos.

Supongamos, por ejemplo, que un docente en 4° año propone a su grupo realizar de dos formas diferentes cálculos de multiplicación en los cuales uno de los factores es de un dígito. Esta actividad le permitirá al docente detectar las construcciones alcanzadas por los niños en el Primer Ciclo antes de comenzar a trabajar cálculos de multiplicación en los cuales los dos factores tienen más de un dígito.

✓ *Evaluación de proceso.*
Este tipo de evaluación es realizada por el docente durante el momento de enseñanza. Puede ser individual o colectiva, oral o escrita. Suministra información acerca de qué aspectos son necesarios enfatizar, qué relaciones nuevas están disponibles, cuales conocimientos dominan los alumnos y sirven como punto de partida de otros, así como cuáles requieren ser enseñados nuevamente.

✓ *Evaluación de producto.*
Esta, por lo general, es individual. Suministra al docente información sobre la marcha de los aprendizajes de cada alumno y los logros alcanzados hasta el momento. En ella se evalúan los progresos de los alumnos en relación tanto con los conocimientos iniciales como con lo que se ha enseñado en el aula. Se trata de recabar información sobre cuáles de los alumnos no tienen disponibles los nuevos conocimientos sobre los que se ha trabajado en clase.

Los problemas que se plantean en esta instancia deben ser conocidos, similares a los ya estudiados, no "nuevos", porque se trata de evaluar si aquello que tenía status de "novedoso" se ha vuelto conocido como producto del trabajo sistemático realizado en el aula.

Además es importante tener presente que no todo lo que se enseña debe ser evaluado, es suficiente un recorte de lo enseñado, aquello que se considere de vital importancia para la continuidad del proceso de aprendizaje.

En síntesis
A la hora de enseñar matemática desde el enfoque de la *resolución de problemas* debemos tener presente que:

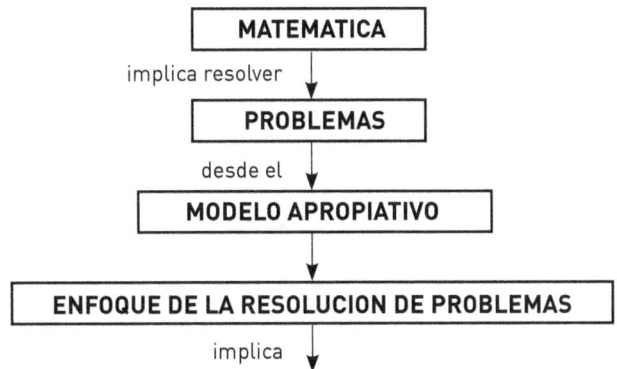

- ✓ Plantear problemas.
- ✓ Proponer un trabajo exploratorio.
- ✓ Aceptar el error.
- ✓ Propiciar la producción y generalización de conjeturas.
- ✓ Favorecer la reorganización y establecimiento de relaciones entre conceptos.
- ✓ Enseñar a estudiar.
- ✓ Organizar secuencias didácticas.
- ✓ Pensar en la organización grupal.
- ✓ Tener en cuenta los momentos del trabajo matemático.
- ✓ Evaluar los logros alcanzados.

Capítulo 2
La multiplicación de números naturales

Actualmente, los especialistas en matemática comparten la idea de que el centro del aprendizaje está puesto tanto en enseñar a resolver problemas de variada índole como en la adquisición de diferentes estrategias de cálculo que permitan resolverlos.

El dominio de las cuentas resulta insuficiente para reconocer la gama de los problemas para los cuales una operación es una vía de solución, dado que este conocimiento implica, para los niños, un largo proceso de construcción que atraviesa toda la escuela primaria.

Hoy podemos decir que *cuentas versus problemas* es una falsa dicotomía, ya que usar las propiedades de las operaciones, anticipar, estimar, controlar resultados, son recursos que ponen en juego el sentido de las operaciones y son, asimismo, herramientas imprescindibles para abordar nuevos problemas.

¿Qué significa "saber multiplicar"?

Tradicionalmente, las operaciones se asociaban a determinadas acciones: "sumar a agregar", "restar a quitar", "multiplicar a sumar reiteradamente un mismo número", "dividir a repartir", pero estas relaciones no siempre se cumplen. Veamos los siguientes ejemplos:

Las bolitas
A Lucas le regalaron 15 bolitas que agregó a su colección, ahora cuenta con 55 bolitas. ¿Cuántas bolitas tenía antes de recibir el regalo?

Esta situación hace referencia a la acción de *agregar* pero no se resuelve con una suma, sino con una resta.

En la librería
Marisol gastó en la librería $ 35 y su hermana Mecha $ 25. ¿Cuánto dinero gastaron?

Aquí se habla de la acción de *gastar*, vinculada con la resta, pero se resuelve mediante una suma.

Las figuritas
Esteban compra, para regalarle a su hija Mercedes, 8 sobres de figuritas de la colección "La princesita". Cada sobre contiene 5 figuritas. ¿Cuántas figuritas recibió de regalo Mercedes?

Esta situación se puede resolver haciendo 5 x 8 o sumando 8 veces la constante de proporcionalidad 5 (5 + 5 + 5 + 5 + 5 + 5 + 5 + 5) pero no mediante la suma de 8 + 5.

El cumple de Juana
Juana, para su cumpleaños, llevó caramelos. Repartió 50 entre los chicos de 1° "A" y 50 entre los chicos de 1° "B". ¿Cuántos caramelos repartió entre ambos grupos?

Es una situación de *repartir* que se resuelve mediante una suma.

Como habrá apreciado existen problemas de distintos niveles de complejidad, por lo tanto el trabajo con variados tipos de problemas para cada una de las operaciones y la reflexión buscando similitudes y diferencias será objeto de actividades a lo largo de toda la escolaridad primaria.

La multiplicación, al igual que las otras operaciones, no es un contenido sólo del Primer Ciclo, sino que su tratamiento se realiza durante la Escuela Primaria con diferentes niveles de complejidad. Es un aprendizaje a largo plazo.

En los diferentes años de escolaridad, los alumnos podrán ir ampliando sus conocimientos a partir de las situaciones que enfrenten y de una organización de enseñanza que favorezca la reflexión.

Saber multiplicar implica:
- ✓ reconocer en qué tipo de problemas la multiplicación es un recurso válido;
- ✓ disponer de procedimientos de cálculo;
- ✓ establecer relaciones entre los diferentes sentidos;
- ✓ elegir las estrategias más económicas según la situación;
- ✓ reconocer en qué casos la multiplicación no es un recurso útil;
- ✓ comprender tanto los cálculos como los problemas que la involucran.

Estos conocimientos les permitirán a los alumnos encontrar el sentido de la multiplicación de números naturales y delimitarlo respecto de cuál es el campo de problemas que resuelve y cuál es el campo para el que resulta insuficiente y también por qué es una herramienta matemática y cuáles son sus propiedades.

Analicemos las resoluciones de Lucas, Pedro y Laura frente a una situación que se resuelve mediante el siguiente cálculo: 4 x 200.

```
        4 x 200 = 800              200              4
                                   x 4            x 200
          LUCAS                    800              0
                                                    0
                                   LAURA            8
                                                   800
                                                   PEDRO
```

Usted coincidirá con nosotros en que los tres alumnos resolvieron correctamente el producto solicitado, encontraron el resultado. Pero, evidencian diferentes niveles de construcción. Lucas es capaz de resolver mediante un cálculo mental, posee mayor nivel de construcción, mientras que Laura y Pedro, si bien son capaces de resolver el algoritmo de la multiplicación, no pueden desprenderse de él y decidir ante qué cálculos es útil y necesario y ante cuáles es innecesario, siendo el cálculo mental el más apropiado.

Saber multiplicar implica, también, resolver cálculos usando el procedimiento más adecuado y económico.

La suma y la multiplicación

Mucho se ha hablado sobre la suma y la multiplicación. Es así como en algunos libros de Escuela Primaria es común encontrar la siguiente frase: "La multiplicación es una suma reiterada", afi rmación que es falsa dado que la multiplicación y la suma son operaciones diferentes.
La *suma* trabaja con *universos homogéneos*; podemos sumar manzanas y bananas si preguntamos "¿Cuántas frutas tenemos?".

En cambio, la *multiplicación* trabaja con *universos heterogéneos*; podemos averiguar "¿Cuánto cuestan 3 botellas de gaseosas?". Siendo un universo el dinero, y el otro, las gaseosas.

Además, se debe comprender que una situación de multiplicación se resuelve mediante la suma reiterada de un mismo número cuando esos números hacen referencia a la constante de proporcionalidad. En la situación "Las figuritas", el 5 es la constante de proporcionalidad dado que representa a la cantidad de figuritas que contiene cada paquete.

Es así como algunos problemas de multiplicación pueden ser resueltos por medio de sumas de sumandos iguales; pero los problemas de suma que contengan al menos un sumando desigual no pueden resolverse directamente mediante multiplicaciones.

Al respecto es interesante que los alumnos, en el Segundo Ciclo, reflexionen acerca de esa afirmación analizando diversos problemas.

Propuestas posibles son:

Propuesta 1

¿Cómo lo resuelvo?
Indicar si las siguientes situaciones pueden ser resueltas mediante una suma, una multiplicación o ambas operaciones.
  a. Mario tiene 25 bolitas y Pedro 35, ¿cuántas bolitas tienen entre los dos?
  b. Lucas tiene 5 autos y Pedro tres veces esa cantidad, ¿cuántos autos tiene Pedro?
  c. Lucía compró, para el festejo de cumple de Verónica, 15 globos amarillos, 10 violetas, 8 naranjas, 7 rojos y 9 verdes, ¿qué cantidad de globos compró Lucía?
  d. Maxi va de campamento, en su mochila colocó dos pantalones, uno azul y otro negro, y tres remeras, una rayada, otra amarilla y una tercera verde, ¿de cuántas formas diferentes se puede vestir?

Es de esperar que una vez que los diferentes grupos hayan resuelto las situaciones planteadas, entre todos, con la coordinación del docente, se pueda llegar a conclusiones del tipo:
- ✓ Las situaciones "a" y "c" sólo se pueden resolver mediante una suma. En ambos casos las cantidades hacen referencia a un mismo universo, "bolitas" en la situación "a" y "globos" en "c".
- ✓ La situación "b" se puede resolver haciendo 3 x 5 ó 5 + 5 + 5, porque esa es la cantidad que se repite tres veces.
- ✓ La situación "d" sólo se puede resolver mediante una multiplicación: 2 x 3.

Propuesta 2

Las pastillas de Juan
Redondea los cálculos que pueden resolver la siguiente situación.

Juan compró 4 paquetes de pastillas de menta. En cada paquete hay 5 pastillas. ¿Cuántas pastillas de menta compró Juan?

$$5 + 5 + 5 + 5 \qquad 5 \times 4 \qquad 5 + 4$$

Propuesta 3

El cumple de Vivi
Redondea los cálculos que no pueden resolver la siguiente situación.

Lucrecia, para el festejo del cumple de su hija Vivi, compró 8 cajas de hamburguesas con 6 hamburguesas en cada caja. ¿Cuántas hamburguesas compró Lucrecia?

$$8 + 6 \qquad 6 \times 8 \qquad 6+6+6+6+6+6+6+6$$

Si bien la resolución de las propuestas 2 y 3 podría realizarse en forma individual es conveniente que, en grupo total, los alumnos, coordinados por el docente, reflexionen acerca de las decisiones tomadas, para llegar a la comprensión de que, en este tipo de situaciones, el número que se suma es el que se mantiene constante; 5 en la propuesta 2 porque es la cantidad de pastillas de cada paquete, y 6 en la propuesta 3 por ser la cantidad de hamburguesas de cada caja.

Propuesta 4

Escribir una situación para cada uno de estos cálculos.

$3 + 3 + 3 + 3$ $\qquad\qquad$ $3 + 4$

Esta propuesta puede resolverse en parejas y tiene por objetivo que los alumnos, a partir de las reflexiones anteriores, puedan producir enunciados que se refieran al uso de los cálculos presentados.

Como usted apreciará, las propuestas presentadas constituyen una secuencia didáctica, permiten la reflexión sobre un mismo contenido a partir de diferentes niveles de dificultad. De menor a mayor nivel de complejidad podemos decir que:
- ✓ *Propuesta 1.* Los alumnos deben identificar los cálculos que resuelven las situaciones presentadas.
- ✓ *Propuesta 2.* Los niños deben ser capaces de determinar, ante los cálculos presentados, cuál o cuáles son los correctos.
- ✓ *Propuesta 3.* Los alumnos deben determinar los cálculos incorrectos
- ✓ *Propuesta 4.* Los niños deben producir enunciados matemáticos que cumplan determinadas condiciones.

La secuencia se desarrolla mediante organizaciones grupales diferentes: en grupos de cuatro, individualmente y en parejas.

¿Es posible comenzar a abordar la multiplicación desde 1° año?

Los docentes en su mayoría, abordan, tal como lo indican los Diseños Curriculares, problemas de suma y resta en 1° año, y dejan los del campo multiplicativo para 2° y 3° año del Primer Ciclo.

Nosotros proponemos ampliar desde 1° año la variedad de los problemas que se les planteen a los alumnos. La idea no es "enseñar a multiplicar" sino ponerlos en contacto con situaciones que les permitan movilizar nuevos recursos de resolución tomando como punto de partida los saberes construidos hasta el momento.

Supongamos que presentamos, para ser resuelta en grupos de tres alumnos, una situación como la siguiente:

Los alfajores
Filomena, la abuela de Julieta, le regaló 3 cajas de alfajores de dulce de leche. Si en cada caja hay 4 alfajores, ¿cuántos alfajores recibió Julieta de regalo?

Si bien los alumnos de 1° año no son capaces de resolver la situación mediante el cálculo de 3 x 4, lo pueden hacer de alguna de las formas que se detallan a continuación:

Solución 1

$$4 + 3 = 7$$
"TIENE 7 ALFAJORES".

Solución 2

"LOS CONTÉ Y SON 12 ALFAJORES."

Solución 3

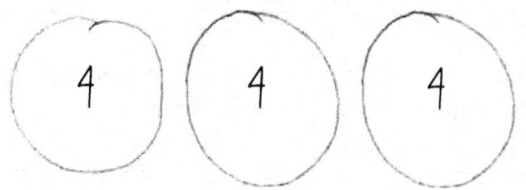

"SUMÉ Y SÉ QUE TIENE 12 ALFAJORES."

Solución 4

$$4 + 4 + 4 = 12$$
"TIENE 12 ALFAJORES."

Solución 5

"CONTÉ CON LOS DEDOS 3 VECES 4. HICE 4 + 4 + 4 = 12."

Una vez que los diferentes grupos resolvieron la situación planteada se les pide que muestren y expliquen lo realizado. Es de esperar que con la coordinación del docente los alumnos sean capaces de expresar frases del siguiente tipo: "Es diferente a los otros problemas, acá no sumamos todos los números", "En estos problemas se suman números iguales", "Un número lo sumás y el otro te dice cuántas veces", etc.

Los alumnos pueden reflexionar acerca de los procedimientos utilizados por otros, darse cuenta de que su forma de resolución no es la única posible, de esta forma avanzan en la comprensión de los enunciados y en las estrategias de resolución.

Como usted apreciará, las soluciones presentadas implican diferentes procedimientos y ponen en evidencia el nivel de construcción alcanzado hasta el momento. Analizando cada una de ellas, podemos decir que:

- ✓ *Solución 1*: hacen uso de sus conocimientos sumando los dos números que figuran en el problema. No son capaces de darse cuenta de que uno hace referencia a cantidad de cajas y otro a la cantidad de alfajores.
- ✓ *Solución 2*: recurren a dibujos, concretizan la situación. Luego cuentan los alfajores dibujados y obtienen lo solicitado.
- ✓ *Solución 3*: es similar a la solución anterior con menor nivel de concretización, ya que en lugar de cajas rectangulares, como suelen ser las cajas de alfajores, realizan redondeles que simbolizan a las cajas, y en lugar de indicar la cantidad de alfajores de cada caja con un dibujo, escriben el número.
- ✓ *Solución 4*: muestra un mayor nivel de construcción no realizan dibujos, se dan cuenta de que deben sumar el 4 tres veces porque 3 son las cajas de alfajores que recibió Julieta.
- ✓ *Solución 5*: es la de mayor nivel de construcción porque, usando sus dedos, se dan cuenta de que deben contar "3 veces 4".

Este trabajo luego deberá ser continuado a lo largo de 2° y 3° año para que los niños puedan evolucionar en sus saberes. Los dibujos y el conteo darán paso a las sumas de números iguales y luego a la multiplicación.

Estamos planteando la enseñanza de la multiplicación no desde el cálculo sino desde los problemas que permite resolver; esto de ninguna manera implica descuidar los cálculos.

Ejemplos de situaciones posibles de ser planteadas a los niños de 1° año son:

Propuesta 5

Las figuritas
Pedro, el papá de Benjamín, le compró 3 paquetes de figuritas de los jugadores del mundial. Si cada paquete tiene 5 figuritas, ¿cuántas figuritas recibió Benjamín?

Propuesta 6

Las pastillas
Sol y Vero compraron 4 paquetes de pastillas de menta. Cada paquete tiene 6 pastillas, ¿qué cantidad de pastillas compraron Sol y Vero?

Propuesta 7

Los bombones
Lucrecia llevó a la clase de inglés tres cajas de bombones con 6 bombones en cada una, ¿qué cantidad de bombones llevó Lucrecia?

Propuesta 8

Don Bartolo
Don Bartolo, el kiosquero del barrio, preparó 6 bolsas con 3 barras de cereales diferentes en cada una, ¿qué cantidad de barras de cereales usó Don Bartolo?

Propuesta 9

La torta
Juliana hará una torta con vainillas; compró 4 paquetes con 5 vainillas cada uno, ¿qué cantidad de vainillas compró?

En síntesis
Proponemos una enseñanza de la multiplicación que implique:
- ✓ Conocer sus significados y sus límites.
- ✓ Diferenciar a la suma y a la multiplicación como operaciones distintas, reconociendo los problemas que resuelven cada una de ellas.
- ✓ Comenzar su abordaje desde 1° año a partir de la resolución de problemas que movilicen nuevos recursos de resolución tomando como punto de partida los ya construidos.

Capítulo 3
Los significados de la multiplicación

El planteo de problemas diversos permitirá a los niños variar las estrategias de resolución, reflexionar en torno a las relaciones entre los números y las operaciones involucradas y tomar conciencia de la amplia gama de problemas que se resuelven a través de la multiplicación, razón por la cual deberán plantearse problemas relacionados con los diferentes significados de la multiplicación:
- ✓ Series proporcionales.
- ✓ Combinatoria.
- ✓ Organizaciones rectangulares.

Series proporcionales

Estas situaciones se refieren a una cantidad que se repite; se relacionan dos magnitudes.
Supongamos la siguiente situación:

Los alfajores
En una caja hay 6 alfajores, ¿cuántos alfajores habrá en 4 cajas iguales?

Aquí se relacionan dos magnitudes: *cantidad de cajas y cantidad de alfajores*. Entre ambas magnitudes hay una cantidad que se repite: *6 alfajores por caja*. Esa cantidad es la *constante de proporcionalidad*.

El concepto de proporcionalidad se comienza a trabajar a partir de la manipulación de cantidades y la expresión verbal y numérica desde los primeros años de escolaridad y no desde 4° año como un tema "nuevo".

Este tipo de situaciones pueden ser presentadas desde 1° año porque, si bien los niños no tendrán una resolución experta y económica, pueden apelar a sus saberes y desde ahí dar respuesta al interrogante, utilizando estrategias de resolución como las siguientes:

Resolución 1

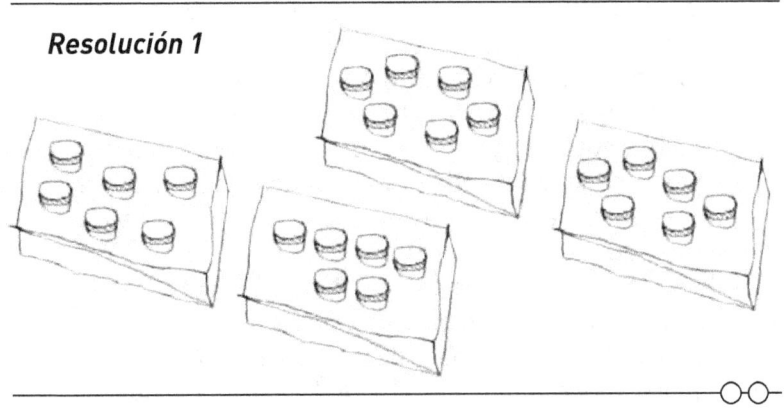

Resolución 2

$$6 + 6 + 6 + 6$$

Resolución 3

CANTIDAD DE CAJAS	CANTIDAD DE ALFAJORES
1	6
2	12
3	18
4	24

Si analizamos las estrategias utilizadas podemos decir que:
- ✓ *Resolución 1*. Los niños resuelven la situación dibujando las 4 cajas de alfajores con 6 alfajores en cada una. Luego, por medio del conteo, dan respuesta al interrogante diciendo: "En 4 cajas hay 24 alfajores".
- ✓ *Resolución 2*. Aquí los alumnos recurren a la suma; suman 4 veces el 6, cantidad de alfajores de cada caja (constante de proporcionalidad). Resuelven apelando a la suma de sumandos iguales.
- ✓ *Resolución 3*. Son capaces de realizar una tabla a partir de la cantidad de alfajores de cada caja (constante de proporcionalidad). Así, para pasar de 6 a 12 suman 6, y de esa misma forma logran llegar a 18 y 24. Pueden reflexionar, con la ayuda del docente, que al doble de cajas le corresponden el doble de alfajores, al triplo de cajas el triplo de alfajores, y así sucesivamente.

De esta forma, en el Primer Ciclo, los niños comienzan a utilizar la proporcionalidad en la resolución de situaciones sin reconocer sus propiedades.

Luego, en el Segundo Ciclo, se retoman las situaciones presentadas en el Primer Ciclo y se complejizan con el objetivo de que los alumnos comiencen a relacionarlas con la proporcionalidad directa.

Supongamos que a un grupo de alumnos de 4° año se les presenta la siguiente situación:

Las salchichas
Un mayorista vende salchichas para panchos en paquetes de 30 unidades. Completá el cuadro.

Cantidad de paquetes	10		32		5		15
Cantidad de salchichas		600		180		900	

Ante esta situación, a partir de las construcciones adquiridas durante el Primer Ciclo, es de esperar que los niños se den cuenta de que:
- ✓ Si cada paquete tiene 30 salchichas, 10 x 30 nos da la cantidad de salchichas de los 10 paquetes. Igual procedimiento pueden realizar para descubrir las cantidades de 32, 5 y 15 paquetes.
- ✓ Luego, a partir de los conocimientos de división adquiridos en el Primer Ciclo, pueden comprender que 600 : 30 nos da la cantidad de paquetes de salchichas que corresponden a 600 salchichas. El mismo procedimiento les permite calcular la cantidad de paquetes para 180 y 900 salchichas.

Una vez que todos los alumnos en forma grupal o individual completaron la tabla, el docente deberá propiciar un espacio de reflexión sobre lo realizado que les permita, entre otras, llegar a reflexiones del tipo:
- ✓ Si 10 paquetes de salchichas contienen 300 salchichas, 20 paquetes contienen el doble y 5 la mitad.

✓ Para saber cuántas salchichas tienen 15 paquetes puedo sumar la cantidad de salchichas de 10 y 5 paquetes. Para obtener la cantidad de salchichas de 30 paquetes puedo sumar las salchichas de 10 y 20 paquetes.
✓ Para calcular la cantidad de salchichas multiplico la cantidad de paquetes por el contenido de cada paquete mientras que si conozco la cantidad de salchichas debo dividir por la cantidad de salchichas de cada paquete.
✓ Al aumentar la cantidad de paquetes de salchichas aumenta la cantidad de salchichas y al disminuir la cantidad de paquetes de salchichas disminuye la cantidad de salchichas.

De esta forma los alumnos comienzan a descubrir las propiedades de la proporcionalidad directa.

Situaciones posibles de ser presentadas a los niños son las siguientes:

Propuesta 1

Las patas de la araña
Una araña tiene 8 patas, ¿cuántas patas tienen 6 arañas?

Propuesta 2

El triciclo
Un triciclo tiene 3 ruedas, ¿cuántas ruedas tienen 5 triciclos?

Propuesta 3

Las barras de cereal
Susana tiene 5 nietos, quiere regalarle 2 barras de cereal a cada uno, ¿cuántas barras de cereal tiene que comprar Susana?

Propuesta 4

Los chupetines
Pedro llevó de regalo a sus cuatro nietos dos chupetines a cada uno. Indicá, por medio de una tabla, la cantidad de chupetines que compró Pedro.

Propuesta 5

Los bolígrafos
¿Cuánto pagó Esteban por 4 bolígrafos si cada uno cuesta $ 3?

Propuesta 6

Las pastillas de menta
Marisa compró 2 paquetes de pastillas de menta. Entre los dos paquetes tiene 16 pastillas, ¿cuántas pastillas habría tenido si compraba 4 paquetes?

Propuesta 7

Las bolitas
Jorge quiere regalarle a cada uno de sus amigos 5 bolitas. ¿Si tiene una bolsa de 40 bolitas, a cuántos amigos podrá regalarle bolitas?

Propuesta 8

Las vainillas
Juana, para hacer una torta, necesita 50 vainillas. En cada paquete hay 10 vainillas, ¿cuántos paquetes necesita comprar?

Propuesta 9

Los vasos
En una fábrica de vasos se venden las siguientes cajas:

Cantidad de cajas	3		1	50			12
Cantidad de vasos	18	60			480	600	

Propuesta 10

Alfajores "Mis dulces"
En la fábrica de alfajores "Mis dulces" se armaron cajas con 12 alfajores surtidos según indica el siguiente cuadro.

Día de la semana	Lunes	Martes	Miércoles	Jueves	Viernes
Cantidad de cajas	2	3	10	4	5

¿Es cierto que el día miércoles se usaron 120 alfajores?
¿Por qué?
¿En qué día se usaron el doble de alfajores que otro día?
¿Por qué?
¿En qué día se usaron la mitad de alfajores que otro día?
¿Por qué?

Si analizamos las situaciones presentadas podemos decir que:
✓ *Propuesta 1 y 2.* "Las patas de la araña" y "El triciclo" se pueden presentar en 1° año, dado que hacen referencia a elementos conocidos por los niños, y en cada uno se establece en forma clara la relación inicial.

- ✓ *Propuesta 3*. En "Las barras de cereal", la lectura de la situación implica un mayor nivel de dificultad, por lo tanto consideramos que se la puede proponer a partir de 2° año.
- ✓ *Propuesta 4*. "Los chupetines" posee un nivel de dificultad parecido a la *situación 3*, pero se diferencia de ella por indicar el procedimiento a seguir. A veces este tipo de indicaciones son necesarias para obligar a los alumnos a dejar de lado otros procedimientos como dibujos o sumas de números iguales.
- ✓ *Propuesta 5*. "Los bolígrafos" presenta un mayor nivel de complejidad porque una sola frase incluye la pregunta y los datos necesarios para su resolución; además la relación inicial no se establece en forma tan clara como en las *propuestas 1* y *2*.
- ✓ *Propuesta 6*. "Las pastillas de menta" implica un mayor grado de complejidad dado que no parte de la unidad; indica la cantidad de pastillas de menta de dos paquetes haciendo que los alumnos, al realizar la tabla, deban moverse de dos en dos y no de uno en uno como en las anteriores situaciones.
- ✓ *Propuestas 7 y 8*. "Las bolitas" y "Las vainillas" constituyen un mayor nivel de dificultad porque como datos se da la cantidad total y la cantidad de elementos de una unidad. Los niños pueden recurrir a confeccionar una tabla de uno en uno hasta llegar a esa cantidad o resolver mediante la división. Estas situaciones pueden ser planteadas tanto en 3° año como en 4° año.
- ✓ *Propuesta 9*. "Los vasos". Los niños, para completar el cuadro, podrán usar procedimientos diferentes: multiplicar, dividir, establecer relaciones entre diferentes cantidades.
- ✓ *Propuesta 10*. "Alfajores Mis dulces". Aquí se plantea una situación de mayor dificultad por cuanto se pide que los niños establezcan los números que cumplen con las relaciones pedidas, explicando siempre los motivos que los llevan a esas resoluciones.

Consideramos que las *propuestas 1, 2, 3, 4, y 5* son pertinentes para el Primer Ciclo, mientras que las *propuestas 6, 7 y 8* podrían presentarse tanto en el Primero como en el Segundo Ciclo, y las *propuestas 9 y 10* en el Segundo Ciclo.

Combinatoria

En estos problemas se combinan elementos de una, dos o tres colecciones diferentes y se varían o permutan elementos de una misma colección. Estas situaciones son denominadas, también, de *conteo o de permutación*.

Supongamos que presentamos la siguiente situación:

La ropa de Maxi
Maxi va de campamento por un fin de semana; lleva 2 pantalones uno negro y otro gris y 3 remeras, una rayada, otra blanca y una tercera gris. ¿De cuántas formas diferentes se podrá vestir?

Algunas posibles resoluciones son:

Resolución 1

Resolución 2

REMERA	PANTALÓN	
	GRIS	NEGRO
RAYADA	X	X
BLANCA	X	X
GRIS	X	X

Resolución 3

Resolución 4

$$3 \times 2$$

Resolución 5

$$2 \times 3$$

La *resolución 1* es la que, por lo general, realizarán los niños de 2° año a los que se les presente esta situación por primera vez, dando respuesta al interrogante planteado por medio del conteo. Luego, con la intervención del docente, los niños comprenderán que los dibujos pueden ser reemplazados por las otras formas de resolución. La *resolución 2* apela al uso de cuadro de doble entrada, la *resolución 3* al diagrama de árbol y las *resoluciones 4* y *5* a las expresiones multiplicativas.

Es de esperar que a lo largo del año, en la medida en que se presenten situaciones de este tipo, puedan convivir, dentro del aula, diferentes formas de resolución y que la reflexión colectiva lleve a los niños a darse cuenta de cuál/es son las más económicas y claras.

El trabajo iniciado en el Primer Ciclo se deberá continuar en el Segundo Ciclo con el planteo de situaciones más complejas, tales como:

Los menúes de Don Camilo

En el restaurante de Don Camilo se ofrece todos los mediodías, como promoción, un menú que cuenta con entrada, plato principal y postre. Los comensales pueden elegir su menú dentro de estas opciones:
- ✓ *Entrada: mayonesa de ave, ensalada rusa, matambre casero.*
- ✓ *Plato: pastas c/salsa, pollo c/papas fritas, milanesa c/ensalada.*
- ✓ *Postre: helado, flan.*

¿Cuántos menúes diferentes se pueden armar?

Es de esperar que los alumnos realicen resoluciones que impliquen el uso de diagramas de árbol o de cuadros, así como expresiones multiplicativas del tipo 3 x 3 x 2.

De esta forma, los alumnos, apelando a las construcciones del Primer Ciclo pueden resolver situaciones en las cuales las combinaciones posibles son más, y por ende, son situaciones que presentan mayor nivel de complejidad.

Algunas posibles situaciones a proponer a los alumnos de escuela primaria son:

Propuesta 11

¡A los números!
¿Cuántos números diferentes de 3 cifras cada uno se pueden armar con los números 5, 6 y 7?

Propuesta 12

Los abrazos
En una fiesta se encuentran 5 amigos. Todos se abrazan con todos. ¿Cuántos abrazos hubo?

Propuesta 13

Las fotos
Filomena y Pedro, los abuelos de Claudio, se quieren sacar fotos en las que aparezcan los tres sentados uno al lado del otro ¿Cuántas fotos diferentes se pueden sacar si quieren aparecer en todas las ubicaciones posibles?

Propuesta 14

¡A almorzar!
Esteban, Pato y Mecha van a un autoservicio; el precio del almuerzo incluye milanesa, hamburguesa o pancho con acompañamiento de papas fritas, puré o ensalada. ¿Cuántas posibilidades tienen para elegir?

Propuesta 15

El campeonato
Pablo y Valeria, los profesores de educación física de la escuela, organizaron un campeonato interno de voley. Participan 6° "A", "B" y 7° "A", "B". Si juegan todos contra todos una sola vez, ¿de cuántos partidos consta el torneo?

Propuesta 16

Los helados
En la heladería de Don Valentín hay una promoción que dice:

> **Cucuruchos por $10**
> **dos sabores: uno de crema y otro de agua**
> **a elección.**

Se puede elegir entre:
 ✓ de agua: frutilla, limón y ananá,
 ✓ de crema: americana, chocolate y dulce de leche.

¿Cuántas combinaciones se pueden armar?

Los alumnos, para resolver las situaciones descriptas, usarán procedimientos variados. De ahí la importancia de que el docente prevenga espacios de reflexión colectiva que les permitan intercambiar opiniones acerca de los caminos seguidos. Este momento permitirá a los alumnos darse cuenta de que existen diferentes formas de resolución y al docente conocer el grado de construcción del grupo.

Organizaciones rectangulares

En estas situaciones intervienen elementos tales como: baldosas, cerámicos, butacas, timbres de un portero eléctrico, etc., que se disponen en forma rectangular.

Supongamos que en 2° año proponemos la siguiente situación:

El patio de la casa de Lucía
Este es el plano del patio de Lucía

¿Cuántas baldosas deberá comprar para cubrirlo?

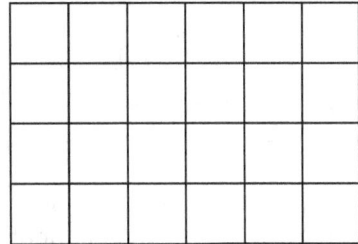

En un primer momento los niños:
- ✓ Deberán *comprender qué cantidad de baldosas hay por columna y por fila*. En este caso, 6 baldosas por columna y 4 baldosas por fila.
- ✓ Luego *cubrirán el patio con las baldosas*.
- ✓ Por último *contarán* y determinarán que Lucía necesita comprar 24 baldosas.

✓ Para luego comprender que la operación que *resuelve la situación es una multiplicación*, en este caso 6 x 4.

Una de las estrategias que favorece el uso de la multiplicación es usar organizaciones rectangulares con muchos elementos, por ejemplo, butacas de un teatro dispuestas en 8 columnas de 12 butacas por fila.

Ahora bien, los alumnos en el Segundo Ciclo deberán evolucionar en la compresión de este significado de la multiplicación, para lo cual les proponemos comenzar en 4° año con una situación similar a la planteada en el ciclo anterior, como ser:

El patio de Maruja
Este es el patio de la casa de Maruja.

¿Cuántas baldosas tiene?

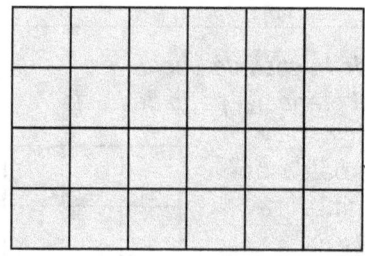

Es de esperar que los niños, tomando como base los saberes construidos en el Primer Ciclo, respondan 24 baldosas porque hay 4 baldosas por columna y 6 por fila, entonces 4 x 6 = 24.

Luego podemos continuar preguntando:

¿Qué pasará si se decide ampliar el patio duplicando las filas?
Resuelvan gráfica y numéricamente.

Es de esperar que los alumnos realicen un gráfico como este:

Y que numéricamente resuelvan de la siguiente forma:
✓ Si duplicamos la cantidad de filas tenemos 4 x 2 = 8.
✓ Al conservar la cantidad de columnas hacemos 8 x 6 = 48.
✓ 48 es el duplo de 24 (24 x 2).

Es así como, con la intervención del docente, los alumnos pueden concluir en que: *"al duplicar la cantidad de filas se duplica el total de baldosas"*.

Luego podemos proponer:

¿Qué pasará si sólo se decide ampliar el patio duplicando las columnas? Resuelvan gráfica y numéricamente.

Es de esperar que los alumnos respondan "Se duplica", a lo que el docente les deberá pedir que lo comprueben gráfica y numéricamente.

Así surgirán gráficos del tipo:

Numéricamente realizarán resoluciones del tipo:
- ✓ Al duplicar la cantidad de columnas tenemos: 6 x 2 = 12.
- ✓ Como la cantidad de filas se conserva, hacemos: 12 x 4 = 48.
- ✓ Obtuvimos el mismo número que antes, por lo tanto, también se duplica la cantidad de baldosas.

Los alumnos pueden concluir diciendo: "Al duplicar la cantidad de columnas se duplica el total de baldosas", "Si duplicamos la cantidad de filas o de columnas, el total siempre se duplica", "Para duplicar la cantidad total basta con duplicar las filas o las columnas".

Por último, podemos plantear la siguiente situación:

Si hacemos una ampliación del patio y aumentamos en el doble la cantidad de filas y de columnas. ¿Cuántas baldosas tendrá el patio?

Es de esperar que una de las primeras respuestas de los niños sea "El doble, como en los casos anteriores", "48 baldosas, que es el doble de 24"...

Ante esas respuestas, el docente les pide a los alumnos que lo demuestren gráfica y numéricamente.

Los alumnos pueden realizar un gráfico como el siguiente:

Numéricamente realizarán:
- ✓ Se duplica la cantidad de filas, entonces 4 x 2 = 8.
- ✓ Se duplica la cantidad de columnas, por lo tanto, 6 x 2 = 12.
- ✓ Para conocer la cantidad total de baldosas hacemos: 12 x 8 = 96.

A partir de estas respuestas, el docente hará reflexionar a los alumnos acerca de la relación existente entre 24 y 96.

Es de esperar que se den cuenta de que 24 x 4 = 96.

Pudiendo concluir que: "Si duplicamos las filas y columnas no obtenemos el doble de baldosas", "Al duplicar las filas y las columnas se cuadruplica el total", "El doble de filas y columnas nos da cuatro veces más baldosas en el total"...

De esta forma, abordamos la *doble proporcionalidad* a partir de las resoluciones de los niños; la idea no es definir la relación, sino que saquen conclusiones a partir del análisis y debate acerca de lo que sucede cuando se duplica una o ambas variables.

Algunas situaciones posibles de ser trabajadas con los alumnos son:

Propuesta 17

El baño de Manuel
Para cubrir el piso de un baño Manuel, el albañil, coloca 5 filas de 7 cerámicos cada una, ¿cuántos cerámicos colocó?

Propuesta 18

El portero eléctrico
Mariana dice: "Vivo en un edificio que tiene 12 pisos y en cada piso hay 4 departamentos".
Dibujá el portero eléctrico de la casa de Mariana.

Propuesta 19

Los rectángulos
Esteban dice que todos estos rectángulos tienen igual cantidad de cuadraditos.

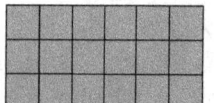
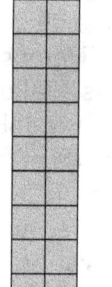
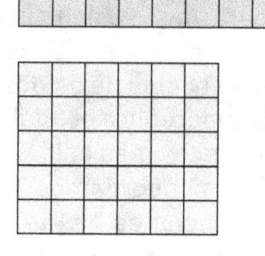

¿Qué te parece?
¿Por qué?

Propuesta 20

La bandera
Pablo le envía a su amigo Julián un mensaje que dice:
"Con 20 cuadraditos pintados de color amarillo, 10 cuadraditos pintados de color celeste y 10 cuadraditos pintados de color rojo dibujás la bandera del país al que viajó mi papá".

Dibujá el mensaje de Pablo y descubrí el país al cual viajó el papá.

Propuesta 21

El regalo de Lucrecia
Lucrecia le regala a su amiga Lulú un rectángulo de colores

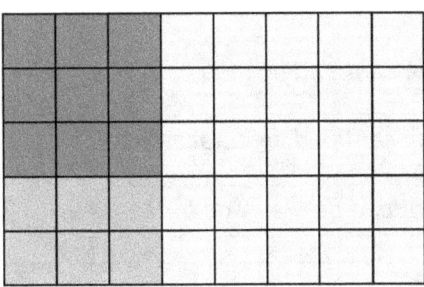

Marcá con una cruz todos los cálculos que Lulú puede hacer para conocer la cantidad de cuadraditos del rectángulo.

- A) 3X3 + 2X5 + 3X5 + 2X3
- B) 5X4 + 5 x 5
- C) 5X3 + 5X5
- D) 5X6X2
- E) 5X8
- F) 5X4X2

Propuesta 22

El teatro
En el teatro "El mundo de Jacinto" hay 300 butacas. Si en cada fila hay 30 butacas, ¿cuántas filas hay? ¿Qué estrategia usaste para resolverlo?

Propuesta 23

El anfiteatro
Para el concierto de la orquesta sinfónica de la ciudad "Los Rosales" se decide cuadruplicar la capacidad del anfiteatro que hasta el momento es de 60 filas de 30 butacas cada una.

Marca con una cruz cuál/es de estas formas permitirán la ampliación.

○ Cuadruplicar la cantidad de filas.

○ Cuadruplicar la cantidad de butacas por fila.

○ Duplicar la cantidad de filas y de butacas.

Propuesta 24

La cocina de Cora
La cocina de Cora posee 12 filas de 8 baldosas; con la ampliación que está realizando deberá agregar 4 filas completas. ¿Cuántas baldosas deberá comprar si las cambia a todas?

Propuesta 25

La plantación de duraznos
Roberto es el encargado de una plantación de durazneros. En el terreno hay 20 filas con 12 árboles cada una. A partir de este año plantarán 10 filas completas más. ¿Cuál/es de estos cálculos se corresponden con la cantidad de durazneros que tendrá el terreno?

    20 x 12 + 10 x 12   30 x 12

    (20 + 10) x 12   (20 x 12) + 10

Analizando las situaciones presentadas podemos decir que:
- ✓ *Propuesta 17.* "El baño de Manuel": se presentan datos relacionados con las filas y columnas, siendo los niños quienes deben reconocer que los 7 cerámicos son la cantidad de filas. A su vez, deben decidir si realizan resolución gráfica o numérica o ambas.
- ✓ *Propuesta 18.* "El portero eléctrico": presenta dos cantidades, siendo los niños quienes deben decidir cuál de ellas corresponde a las filas y cuál a las columnas. Se solicita resolución gráfica de la situación.
- ✓ *Propuesta 19.* "Los rectángulos": aquí se solicita averiguar si los rectángulos presentados tienen la misma cantidad de cuadraditos y explicar el porqué. En este caso, los alumnos deben dar cuenta de las diferentes expresiones multiplicativas de un mismo número, en este caso 18.
- ✓ *Propuesta 20.* "La bandera": se solicita una resolución gráfica que implica, por parte de los alumnos, diferentes decisiones a tomar:
    - los 20 cuadraditos se pueden armar con expresiones del tipo: 5 x 4, 10 x 2 y 20 x 1,
    - los 10 cuadraditos con las expresiones 5 x 2, 10 x 1.

Los niños deberán darse cuenta de que las banderas de los países tienen forma rectangular y que para llegar a dicha forma deberán considerar las expresiones 5 x 4 y 5 x 2.

✓ *Propuesta 21* "El regalo de Lucrecia": se presentan diferentes formas de encontrar el total de cuadraditos del rectángulo recibido; los niños deben marcar todos los cálculos correctos. Para responder deberán aplicar diferentes propiedades de la multiplicación de números naturales y comprender que si bien la cantidad de cuadraditos es única, las formas de llegar a ella son muy variadas.

✓ *Propuesta 22*. "El teatro": se conoce la cantidad total de butacas y se solicita averiguar la cantidad de filas, por lo tanto, los alumnos pueden:
- Por ensayo y error pensar qué número multiplicado por 30 da 300 y de ahí saber la cantidad de filas del teatro.
- Usar la división haciendo 300 : 30 = 10, lo cual implica que el teatro tiene 10 filas.

Al docente, el solicitar a los alumnos explicar el procedimiento usado le permite conocer el nivel de construcción alcanzado.

✓ *Propuesta 23*. "El anfiteatro": esta propuesta permite a los niños recuperar los saberes construidos en relación con la doble proporcionalidad.

✓ *Propuesta 24*. "La cocina de Cora": aquí no se presenta una relación de doble proporcionalidad pues se aumenta la cantidad de filas en 4. Los niños deben decidir qué procedimiento usar entre los varios posibles, algunos de los cuales son:
- 12 + 4 = 16 (filas) x 8 (columnas) = 128 baldosas.
- 12 (filas) x 8 (columnas) = 96 baldosas.
  4 (filas) x 8 (columnas) = 32 baldosas.
  Entonces 96 (baldosas) + 32 (baldosas) = 128 baldosas.
- (12 + 4) (filas) x 8 (columnas) = 96 + 32 = 128 baldosas

✓ *Propuesta 25.* "La plantación de durazno": se presentan datos que implican aumentar la cantidad de filas, luego los alumnos deberán indicar cuáles de los cálculos presentados permiten resolver la situación.

Por el nivel de complejidad que presentan las propuestas, podemos decir que las *propuestas 17, 18, 19, 20 y 21* son pertinentes para alumnos del Primer Ciclo, mientras que las *propuestas 22, 23, 24 y 25* pueden trabajarse en el Segundo Ciclo. De todas formas, cada docente, en función con los contenidos que intencionalmente desea trabajar teniendo en cuanta las posibilidades de su grupo escolar, es quien decide qué situación presentar.

En síntesis

Las ideas desarrolladas se pueden sintetizar en el siguiente cuadro:

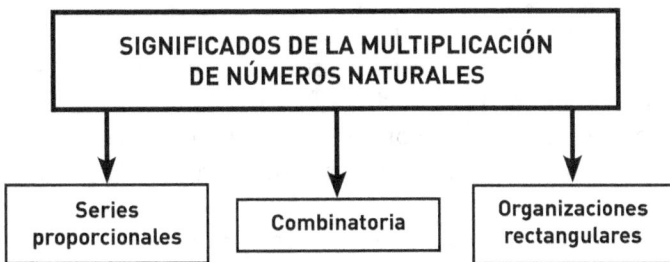

Capítulo 4
Las propiedades de la multiplicación de números naturales

Las propiedades de una operación cumplen la función de mostrar la estructura de la misma; estructura que, para los niños de la escuela primaria, resulta de difícil acceso.

El conocimiento de las propiedades facilita la comprensión de la operación, de ahí que su estudio debe comenzarse desde el Primer Ciclo, a partir de la comparación y manipulación de cantidades, de la expresión verbal y numérica y de la aplicación de lo descubierto a la resolución de diferentes problemas.

Se debe tener en cuenta que tan importante como el descubrimiento de las propiedades —por parte de los niños— es su aplicación, momento en el que verán las ventajas de su uso.

Las propiedades multiplicativas
Las propiedades multiplicativas básicas son:
✓ Propiedad conmutativa.
✓ Propiedad asociativa.
✓ Propiedad distributiva con respecto a la suma.

Propiedad conmutativa

Esta propiedad es la más sencilla de descubrir, a pesar de lo cual no es evidente para los niños que *el orden de los factores no altera el resultado final.*

Es conveniente plantear situaciones como la siguiente:

De campamento
Lucho va, con sus amigos del club, a pasar un fin de semana a un camping; lleva 2 pares de zapatillas, un par blanco y otro negro, y cuatro pares de medias: un par rayado, otro gris, un tercero blanco y un cuarto negro. ¿Cuántas conjuntos diferentes puede formar Lucho? Resolvé mediante dibujos.

Es de esperar que los niños realicen una resolución del siguiente tipo:

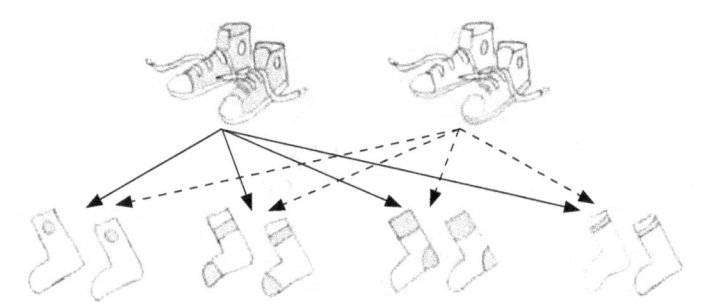

"2 PARES DE ZAPATILLAS Y 4 PARES DE MEDIAS DAN 8 CONJUNTOS DIFERENTES"

Una vez que los niños finalizaron la actividad y reflexionaron sobre la misma, el docente deberá plantearles:

¿Qué habría pasado si Lucho hubiese llevado cuatro pares de zapatillas; uno rayado, otro gris, un tercero blanco y un cuarto negro, y dos pares de medias: uno blanco y otro negro?

Los niños, por lo general, repiten el procedimiento empleado anteriormente:

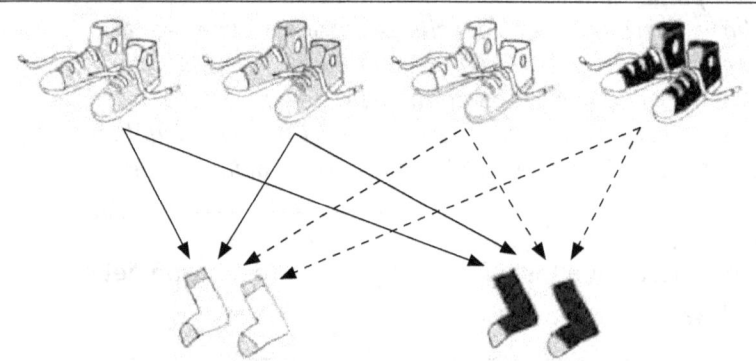

"4 PARES DE ZAPATILLAS Y 2 PARES DE MEDIAS DAN 8 CONJUNTOS DIFERENTES"

Luego el docente deberá hacer reflexionar a los niños acerca de los números utilizados para que comprendan que las expresiones:

"Con 2 pares de zapatillas y 4 pares de medias puedo formar 8 conjuntos diferentes"

"Con 4 pares de zapatillas y 2 pares de medias puedo formar 8 conjuntos diferentes"

Así los niños comprenderán que *"2 por 4 es 8 y que 4 por 2 es 8"*. Verbalizarán frases del tipo: "El orden de los números no importa", "Ponemos los números de cualquier forma y siempre da lo mismo", "No importa cuál es el primero total da lo mismo"...

Estas reflexiones le permitirán al docente darse cuenta de que los niños comprendieron la propiedad conmutativa.

La utilización más sencilla de la propiedad la encontramos relacionada con el aprendizaje de las tablas de multiplicar; sobre este tema hablaremos en el Capítulo 5, apartado "Las tablas de multiplicar".

Propiedad asociativa

Esta propiedad se debe aplicar a la multiplicación de tres números, como mínimo, de ahí que su descubrimiento debe ser posterior a la propiedad conmutativa.

El empleo de la propiedad asociativa al igual que la propiedad conmutativa se relaciona con las tablas de multiplicar, tema al cual haremos referencia en el Capítulo 5, apartado "Las tablas de multiplicar".

También se puede plantear una situación como la siguiente:

Las figuritas
Lucas compra todos los días dos sobres de figuritas de dinosaurios, con 5 figuritas en cada sobre. ¿Cuántas figuritas habrá comprado en 7 días?

Los niños, en esta situación, pueden apreciar que:

$$2 \times 5 = 10$$
$$10 \times 7 = 70$$

Es igual a decir :

$2 \times 5 \times 7 = 70$ $7 \times 2 \times 5 = 70$ $5 \times 7 \times 2 = 70$

Verbalizando frases del tipo: "No importa el orden en que coloqués los números, siempre te da lo mismo", "Podés colocar los números como quieras porque es lo mismo"...

Propiedad distributiva con respecto a la suma

Tradicionalmente, a su enseñanza se la relaciona con las multiplicaciones de dos dígitos. Nosotros consideramos que su tratamiento está relacionado con las tablas de multiplicar, por lo tanto, se la debe abordar desde el comienzo.

Veamos, por ejemplo, la siguiente situación:

El acertijo

Los niños podrán presentar resoluciones del tipo:
- 7 x 9 = 63
- 7 x 2 = 14   7 x 4 = 28   7 x 3 = 21   14 + 28 + 21 = 63

A partir de lo cual el docente los puede lleva a reflexionar sobre otra forma de expresar los cálculos, tal como:

$$7 \times (2 + 4 + 3) \qquad 7 \times 9 = 63$$

Analizando con los niños que 2, 4 y 3 son los cuadraditos de diferente color.

Es probable que los niños verbalicen frases del tipo: "Si sumamos los números diferentes y luego multiplicamos, nos da lo mismo", "Si sumamos y luego multiplicamos nos da el mismo resultado"...

Nuestra propuesta consiste en que durante el Primer Ciclo los alumnos jueguen, exploren, experimenten con los números; analicen las propiedades, verbalicen sus descubrimientos sin necesidad de saber que son propiedades ni de conocer su nombre, dejando la formalización de estos conocimientos para el Segundo Ciclo.

También los niños, mediante las tablas de multiplicar, llegarán a descubrir que todo número multiplicado por *1* da el mismo número, descubrimiento que expresarán con frases del tipo: "Multiplicar por 1 es como nada, te da lo mismo", "Si multiplicás por 1 no cambia el número"...

Ya en el Segundo ciclo comprenderán que el 1 es el *elemento neutro de la multiplicación de números naturales*, así como también que todo número multiplicado por 0 da por resultado 0, siendo el *cero el elemento absorbente de la multiplicación de números naturales.*

En síntesis

Las ideas expresadas se pueden sintetizar en el siguiente cuadro:

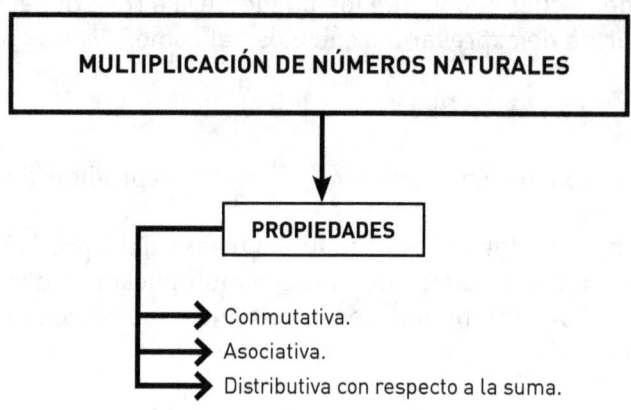

Capítulo 5
Los productos multiplicativos

Los docentes, a la hora de planificar actividades relacionadas con la multiplicación de números naturales, se plantean preguntas del tipo:

"¿Cuándo tengo que enseñar el signo 'X'? ¿Es necesario que los niños aprendan de memoria las tablas?, ¿Una vez que enseñe las tablas, qué tengo que hacer?..."

Para nosotros la enseñanza de la multiplicación debe centrarse en que los niños comprendan los alcances de la operación; que los conocimientos que construyan gradualmente guarden sentido para ellos; que puedan identificar los problemas que la operación permite resolver, así como sus alcances, reglas y funcionamiento.

El signo "X"

Los niños, como vimos en el ejemplo de "Los alfajores" del Capítulo II, apartado "¿Es posible comenzar a abordar la multiplicación desde 1° año?", pueden resolver situaciones del campo multiplicativo desde variadas estrategias sin conocer aún el signo "X".

Consideramos que los niños, en el primer momento del proceso de enseñanza, no necesitan la presentación de una expresión nueva, de una representación simbólica convencional que seguramente utilizarían sin comprender su verdadero significado.

Además, es común que la introducción del signo "X" la realicen algunos niños cuyos hermanos mayores ya lo usan, ante lo cual el docente interviene presentándolo como una convención social de uso difundido.

El uso del signo "X" por parte de los niños no implica comprensión de los significados de la multiplicación ni "saber multiplicar", sino que implica economía de escritura.

A continuación le proponemos algunas situaciones lúdicas[1] que favorecen esta construcción.

---

1. Son adaptaciones de propuestas presentadas por el equipo ERMEL (1983), Parra y Saiz (1994), Cerquetti y Aberkane (1998) y Broitman (1999).

Propuesta 1

Los mensajes

Materiales
- ✓ Gran cantidad de tarjetas con dibujos, por ejemplo:
- ✓ Hojas blancas y lápices.

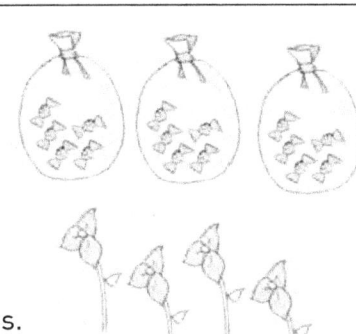

Desarrollo
- ✓ Se forman grupos de cuatro integrantes que se subdividen en grupos de dos.
- ✓ Cada subgrupo saca una tarjeta y en una hoja cumple la siguiente consigna: "Expresen con números, operaciones y palabras el mensaje recibido".
- ✓ Luego intercambian las producciones, así cada subgrupo verifica lo realizado por el otro.
- ✓ Por cada mensaje correcto se anotan un punto.
- ✓ Gana la pareja que primero llega a cinco puntos.

Variantes
a. Se usan los mensajes anteriores y se continúa con la misma organización grupal pero se da la siguiente consigna: "Escribir el mensaje recibido usando sólo números".
b. Se continúa con la organización grupal anterior pero se entregan mensajes del tipo:

| 4 x 5 | 3 VECES 5 | 2 + 2 + 2 + 2 |

Y se plantea la siguiente consigna: "Realizar un dibujo que represente al mensaje recibido".

Propuesta 2

Los cálculos

Materiales
- Gran cantidad de tarjetas con cálculos, por ejemplo:

   | 15 + 15 + 15 + 15 + 15 + 15 + 15 + 15 + 15 |

- Hojas blancas y lápices.

Desarrollo
- Se forman grupos de cuatro integrantes que se subdividen en subgrupos de dos.
- Cada subgrupo saca una tarjeta y en una hoja cumple la siguiente consigna: "Escribir usando números y palabras una expresión que resuelva el cálculo recibido".
- Luego intercambian las producciones, así cada subgrupo verifica lo realizado por el otro.
- Por cada mensaje correcto se anotan un punto.
- Gana la pareja que primero llega a cinco puntos.

Variantes
a. Se usan los mensajes anteriores y se continúa con la misma organización grupal pero se da la siguiente consigna: "Escribir usando sólo números una expresión que resuelva el mensaje recibido".

Propuesta 3

Los rectángulos

Materiales
- Gran cantidad de tarjetas con rectángulos, por ejemplo:

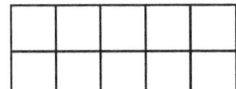

- Hojas blancas y lápices.

Desarrollo
- Se forman grupos de cuatro integrantes que se subdividen en grupos de dos.
- Cada subgrupo saca una tarjeta y en una hoja cumple la siguiente consigna: "Escribir usando sólo números el mensaje más corto posible que describa el rectángulo recibido".
- Luego intercambian las producciones, así cada subgrupo verifica lo realizado por el otro.
- Por cada mensaje correcto se anotan un punto.
- Gana la pareja que primero llega a cinco puntos.

Variantes
a. Se continúa con la organización grupal anterior pero se entregan mensajes del tipo:

$$4 \times 5 \qquad 3 \text{ VECES } 5$$

Y se plantea la siguiente consigna: "Realizar un rectángulo que represente el mensaje recibido".

Estas situaciones presentadas son actividades lúdicas que se pueden realizar a lo largo de 2° y 3° año, así como al comienzo del Segundo Ciclo, y tienen como objetivo que los niños experimenten las ventajas de la expresión multiplicativa como una forma de comunicar información de manera económica y clara.

Las propuestas descriptas también se pueden complejizar pidiendo a los niños que escriban situaciones problemáticas que describan el mensaje recibido, en cuyo caso el objetivo de la actividad sería crear textos que se refieran a las expresiones multiplicativas.

Las tablas de multiplicar

Muchas son las discusiones que se han creado sobre este punto pues:
- ✓ algunos consideraban que la memorización de las tablas era un requisito necesario para la construcción de las cuentas;
- ✓ otros, que no se las debían enseñar por ser un aprendizaje mecánico, inútil, que no implicaba comprensión de la operación.

Hoy se insiste en la necesidad de que el alumno comprenda lo que está haciendo. Cuando la comprensión se refiere a hechos que deben memorizarse, se debe traducir metodológicamente en actividades de construcción.

El niño necesita tener disponible en su memoria ciertas expresiones multiplicativas que, más adelante, le permitirán resolver otras más complejas:

Por ejemplo: si el niño es capaz de resolver 6 x 9 = 54, más adelante podrá resolver 600 x 9, 6 x 9000, 60 x 90, etc.

Cuando hablamos de "disponibilidad en memoria", no hacemos referencia a que la memorización sea el punto de partida, ni a que sea indispensable, sino que se logrará a partir de un proceso, de un trabajo de análisis y reflexión sobre las relaciones numéricas implicadas en las tablas.

Es conveniente comenzar con la confección de tablas de proporcionalidad del tipo:

Bicicletas	Ruedas
1	2
2	4
3	6
... ...	... ...

Se puede solicitar a los alumnos que, en grupos de cuatro, confeccionen diferentes tablas de proporcionalidad relacionando, por ejemplo, triciclos y ruedas, autos y ruedas... Una vez que finalizan, entre todos, reflexionan acerca de las estrategias usadas. Es común que los niños verbalicen expresiones del tipo: "Parece una escala de a 2", "Nosotros sumamos 4 y así sabíamos el número que teníamos que colocar", "Mirá, si tres autos tienen 12 ruedas, el doble de autos, 6, tendrán 24 ruedas"... Por último, se pueden colocar en la pared del aula las tablas realizadas con el objetivo de que estén al alcance de todos en el momento en que sea necesario usarlas.

Luego se les puede presentar la tabla de multiplicar:

X	1	2	3	4	5	6	7	8	9	10
1										
2										
3										
4										
5										
6										
7										
8										
9										
10										

y pedirles que la completen en forma individual, aunque estén sentados en grupos de no más de cuatro alumnos para poder intercambiar estrategias. Para que esta actividad no se transforme en algo mecánico, debe estar acompañada de un espacio de reflexión en el cual se socialicen las estrategias utilizadas. Los niños expresarán frases del tipo:

- ✓ "Cuando completé la fila y columna de los 1 repetí los números."
- ✓ "Completé 2x3 y después me di cuenta de que podía completar 3x2."
- ✓ "Para completar la columna de 3 miré las tablas de las paredes, luego la copié en la fila del 3."
- ✓ "Me di cuenta de que la columna del 5 va de 5 en 5."

Es conveniente que cada alumno tenga su tabla y que en el aula también haya una tabla de gran tamaño, dado que funciona como "diccionario de consulta".

Para que la memorización de las expresiones multiplicativas se logre a partir de un trabajo reflexivo, es conveniente que el docente proponga actividades como las que se detallan a continuación:

Propuesta 4

Se puede proponer que en grupos de tres alumnos resuelvan los siguientes interrogantes:
- ✓ *¿Qué relación encuentran entre los números de la columna del 2, del 4 y del 8?*
- ✓ *Los números de las filas del 5 y 10 ¿tienen alguna particularidad? ¿Cuál?*
- ✓ *¿Qué relación guardan los números de las columnas del 3 y del 6?*
- ✓ *¿Qué relación existe entre los números de las filas del 3 y 4 y los de la fila del 7?*
- ✓ *¿Qué relación se puede establecer entre los números de la columna del 3 y los de la columna del 9?*
- ✓ *Tracen la diagonal de la tabla a partir del signo "X". ¿Qué observan? ¿Qué productos pasan por la diagonal?*

Propuesta 5

Ensalada de tablas

Materiales
✓ Gran variedad de cartones como los siguientes:

X	7	3	6
5			
9			
2			

✓ Lápiz

Desarrollo
✓ Se forman grupos de tres jugadores.
✓ Se colocan en el centro de la mesa los cartones boca abajo.
✓ Cada jugador saca un cartón. A su turno, un jugador dice en voz alta uno de los productos de ese cartón, por ejemplo, el de 5x7. Si lo dijo en forma correcta se anota un punto, de lo contrario coloca una rayita. Así continúan los otros jugadores.
✓ Gana el jugador que después de decir todos los productos de su cartón obtiene el mayor puntaje.

Propuesta 6

Las formas multiplicativas

Materiales
- ✓ Gran variedad de cartones con productos difíciles, por ejemplo:

  | 5 x 9 | | 9 x 8 | | 7 x 8 |

- ✓ Hojas y lápiz.

Desarrollo
- ✓ Se forman grupos de cuatro jugadores.
- ✓ Se colocan en el centro de la mesa los cartones boca abajo.
- ✓ Se da vuelta un cartón y todos los jugadores en forma simultánea cumplen, en su hoja, la siguiente consigna: "Escribir una forma multiplicativa que represente a la del cartón usando al menos un factor diferente". Por ejemplo: Ante el cartón

  | 9 x 8 | los niños pueden escribir en sus hojas:

  3 x 3 x 2 x 2 x 2   9 x 4 x 2   9 x 2 x 2 x 2

- ✓ El primero que termina dice "Basta".
- ✓ Se verifica lo realizado por cada jugador. El que cumplió en forma correcta la consigna se anota un punto.
- ✓ Gana el jugador que primero llega a 5 puntos.

Las propuestas presentadas tienen por finalidad hacer que los niños usen las expresiones multiplicativas, las analicen, les encuentren un sentido más allá de su utilización en las cuentas, sientan la necesidad de memorizarlas para poder jugar, apliquen las propiedades conmutativa y asociativa sin enunciarlas.

Asimismo dichas propuestas apuntan a trabajar factores sueltos para evitar —lo que es muy común en algunos niños— que para dar el resultado, por ejemplo, de 7x2, deban decir toda la tabla del 2 desde el 1.

También se pueden utilizar bingos o loterías en los cuales se canten productos y los niños deban anotar el resultado, o viceversa, se cante un número y ellos deban anotar la expresión multiplicativa a la que pertenece.

Con las propuestas presentadas se logrará no sólo que los niños puedan recuperar productos memorizados, sino que también dispongan de recursos que les permitan obtenerlos en caso de olvido.

En síntesis

El uso del signo "X" no aporta comprensión de la operación, los niños —a partir de las situaciones que el docente proponga— deberán comprender que "tantas veces un número" y "la suma de números reiterados" son equivalentes a la expresión multiplicativa "X".

También se debe tener presente que los niños deben poseer "disponibilidad en memoria" de ciertas expresiones multiplicativas, lo cual no se logrará mediante la memorización, sino por medio de propuestas que les permitan reconocer y analizar las relaciones numéricas implicadas en las tablas.

Capítulo 6
Los cálculos de multiplicar

Como hemos mencionado en capítulos anteriores la relación *cuentas-problemas* es totalmente dependiente. Los problemas necesitan de las estrategias de cálculo para ser resueltos y las estrategias de cálculo requieren de los problemas para construir su sentido. Es así como, a lo largo de los procesos de enseñanza y de aprendizaje, será necesario establecer permanentes relaciones entre ambos conceptos.

Los cálculos son una de las vías que les permiten a los niños entrar en contacto con los números, por cuanto los cálculos se rigen por las reglas del Sistema Posicional Decimal y por las propiedades de la operación que se trabaje.

Asimismo, los cálculos ayudan al desarrollo de actitudes y habilidades tales como la meticulosidad sistemática, la atención y el desarrollo de la memoria.

Nosotros haremos referencia a las operaciones de cálculo mental, estimativo, mecanizado y algorítmico en relación con la multiplicación de números naturales.

Las propuestas que se presentan y las dificultades que las mismas encierran se deberán plantear a lo largo de toda la Escuela Primaria, siendo el docente quien debe seleccionarlas en función de los saberes de su grupo escolar.

Cálculo mental

El cálculo mental se caracteriza por la presencia de estrategias personales de resolución. Aquí los números se tratan en forma global; es decir, no se los considera como cifras aisladas.

Para que los alumnos sean capaces de desarrollar estrategias de cálculo mental será necesario que posean saberes relacionados con reglas del Sistema de Numeración Decimal y, en nuestro caso en particular, con las propiedades de la multiplicación, además de tener disponibilidad en memoria de ciertos productos.

Se trata de cálculos no automatizados, ante los cuales los alumnos toman decisiones desplegando diferentes caminos de resolución. Éstos permiten un trabajo sobre los números de manera descontextualizada por ser una actividad matemática que implica: buscar un procedimiento, confrontarlo con otros y analizar su validez.

Dentro de este tipo de cálculos incluimos:

Multiplicaciones por 10, 100 y 1000.

Las multiplicaciones por la unidad seguida de ceros son algunos de los productos que los niños deben disponer en su memoria. A partir de la tabla de multiplicar, seguramente realizarán reflexiones del tipo "Cuando multiplico por diez agrego un cero", "Los números multiplicados por 10 terminan en cero"..., dado que es una regularidad observable y no una propiedad.

Una vez que los niños son capaces de resolver sin dificultad la multiplicación de un dígito por 10, sería conveniente plantearles, por ejemplo:

¿Qué sucede si hacemos 18 x 10 o 25 x 10?

Las formas de resolución pueden ser variadas:
- ✓ Apelando a la descomposición del sistema de numeración:
  10 x 10 + 8 x 10 = 100 + 80 = 180.
- ✓ Cumpliendo al regla descubierta, agregando un cero:
  18 x 10 = 180.

Sea cual fuese la forma de resolver la situación, los niños comprenderán que "para multiplicar por 10 hay que agregarle un cero al número".

Luego se les puede plantear:

¿Qué pasa si multiplicamos 6 x 100 o 7 x 1000?

---

6 x 100 = 600, "agrego dos ceros";
7 x 1000 = 7000, "agrego tres ceros".

Una vez que los niños se dan cuenta de estas regularidades, son capaces de expresar: "Agregás uno, dos o tres ceros", "El número siempre es el mismo, le agregás los ceros"...

Algunas situaciones que se podrán plantear son:

Propuesta 1

¿Cuáles de estos números no podrían ser el resultado de una multiplicación por 10? Justifica tu respuesta.

158   7.980   6.809   7.200   4.054   3.000

Usando los números presentados o cambiándolos se puede proponer:
- ✓ *¿Cuáles de estos números podrían ser el resultado de una multiplicación por 100? Justifica tu respuesta.*

✓ *¿Cuáles de estos números no podrían ser el resultado de una multiplicación por 1000? Justifica tu respuesta.*

Propuesta 2

Realiza los cálculos en forma mental, y completa los siguientes productos.

45 x .... = 4.500	.... x 100 = 400
...... x 10 = 7.500	75 x .... = 750
8 x ...... = 8.000	.... x 1000 = 5000

Propuesta 3

Completa la tabla realizando los cálculos en forma mental.

Un número multiplicado por ...	da ...	¿Qué número es?
10	4050	
100	3200	
1000	45000	
10	7510	
100	48000	
10	8200	
100	1000	
1000	8000	

En la:
- ✓ *Propuesta 1*. Los niños deben identificar los números que no podrían ser el resultado de multiplicar por 10. Se presentaron números sin cero final, con cero en las decenas y centenas, con dos y tres ceros finales. Las consignas formuladas debajo de la propuesta implican el mismo nivel de dificultad, pero multiplicando por 100 y por 1000.

✓ *Propuesta 2*. Los alumnos deben identificar uno de los productos a partir de conocer el otro producto y el resultado.
✓ *Propuesta 3*. Conociendo el resultado y el número por el que fue multiplicado, los niños deben ser capaces de descubrir el otro número. Se presentan resultados con uno, dos y tres ceros finales.

La idea es que el docente sea quién decida en qué ciclo y —dentro de dicho ciclo— en qué año presenta propuestas de este tipo. Lo importante es trabajarlas para que los alumnos adquieran destrezas de resolución mental que luego se transformarán en el punto de partida de otras más complejas.

Multiplicaciones de números "redondos".

A partir de las destrezas desarrolladas en las multiplicaciones por 10, 100 y 1000, es de esperar que los niños apliquen su repertorio multiplicativo a otros cálculos, tales como:
✓ 4 x 20, pueden hacer 4 x 2 x 10 = 80 porque 2 x 10 = 20.
✓ 5 x 300, pueden hacer 5 x 3 x 100 = 1500 porque 3 x 100 = 300.
✓ 3 x 4000, pueden hacer 3 x 4 x 1000 = 12000 porque 4 x 1000 = 4000.

Para trabajar estos cálculos, se puede realizar la *propuesta 3*, "Las formas multiplicativas", del Capítulo V, conservando la dinámica y cambiando los cartones por otros como los siguientes:

| 5x200 | 8x30 | 9x200 | 7x3000 |

También se puede proponer, entre otras, las siguientes situaciones:

Propuesta 4

Los cálculos
Marca los cálculos resueltos en forma incorrecta y explica por qué están mal.

○ 50x9 = 5x9 = 45

○ 30x20 = 3x2x100 = 6x100 = 600

○ 40x20 = 4x2x10x10 = 8x10x10 = 800

○ 50x30 = 5x3x10 = 150

○ 60x50 = 6x5x100 = 300

○ 40x50 = 4x5x10x10 = 20x10x10 = 2000

Propuesta 5

Buscamos cálculos que den lo mismo
Pinta del mismo color los cálculos que dan el mismo resultado.

4x2x10	5x4x100
80x10	4x20
50x40	2x2x2x10
4x2x100	5x10x4x10

Propuesta 6

Los intervalos

Ubica cada producto en el intervalo que le corresponde en la recta numérica.

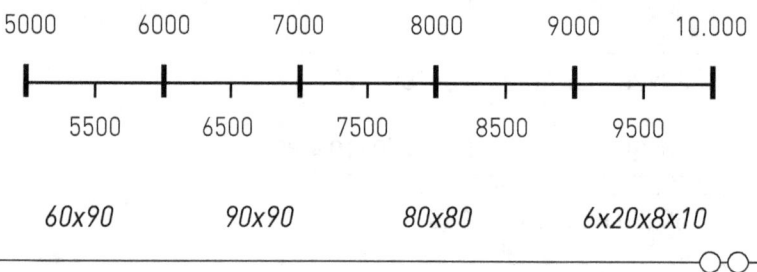

60x90   90x90   80x80   6x20x8x10

Las situaciones planteadas tienen por objetivo que los niños reflexionen acerca del repertorio multiplicativo que tienen en disponibilidad y apliquen la propiedad asociativa de la multiplicación, dado que deberán transformar un cálculo que les resulte difícil en otro u otros que le sean más fáciles. Es importante que socialicen las formas de resolución con el objetivo de que se den cuenta de que la forma en que cada uno resolvió la situación no es la única posible.

▪ *Resolver productos de números particulares (19, 21, …) a partir de la multiplicación por números "redondos".*

El docente, a medida que los niños adquieren habilidades y destrezas relacionadas con el cálculo mental y tienen disponible en memoria mayor cantidad de productos multiplicativos, puede proponer una situación como la siguiente:

Utilicen el resultado de 3 x 20 para calcular mentalmente 3 x 19 y 3 x 21.

Los niños en grupos de tres alumnos pueden realizar resoluciones del siguiente tipo:

Solución 1

3x20 = 3x2x10 = 60
3x19 = 3 x (10+9)= 3x (10+4+3+2)= 30 + 12 + 9 +6 = 57
3x21 = 3 x (20 + 1) = 60 + 3 = 63

Solución 2

3x20 = 60 porque 3x2=6 y agrego un cero.
3x19 = 3x10 + 9 = 30 +9 = 39 porque 10 +9 = 19
3x21 = 3x20 +1 = 60 + 1 = 61 porque 20 + 1 = 21

Solución 3

3x20 = 60
3x19 = 3x10 + 3x9 = 30 + 3x3x3 = 30 + 27 = 57
3x21 = 3x20 + 3x1 = 60 + 3 = 63

En las soluciones presentadas, los niños ponen en juego la descomposición del Sistema de Numeración Decimal y la propiedad distributiva, aunque sólo las soluciones 1 y 3 son correctas, mientras que la solución 2 es errónea, dado que no comprenden que, al aplicar la propiedad distributiva, el 9 y el 1 deben ser multiplicados por 3. Tampoco verifican los resultados hallados en relación con el producto conocido de 3 x 20 para darse cuenta de si el número obtenido es o no es correcto.

Una vez que los diferentes grupos exponen las decisiones tomadas y se intercambian opiniones acerca de las mismas, el docente deberá propiciar que los niños lleguen a conclusiones del siguiente tipo:

- ✓ *3 x 20* equivale a decir *20 veces el número 3*.
- ✓ *3 x 19* equivale a decir *19 veces el número 3*, por lo tanto, si se parte de 3 x 20, 19 es 20 - 1, por lo tanto, 3 x (20-1) = 60 – 3 = 57.
- ✓ *3 x 21* equivale a decir *21 veces el número 3*, por lo tanto, si se parte de 3 x 20, 21 es 20 + 1, por lo tanto, 3 x (20+1) = 60 + 3 = 63.

A partir de este análisis se podrán plantear situaciones como las que se detallan a continuación:

Propuesta 7

A partir del producto de 5 x 40 resolver mentalmente 5 x 39, 5 x 38, 5 x 41, 5 x 42.

Propuesta 8

Escriban a partir de qué productos les conviene resolver mentalmente las siguientes expresiones multiplicativas y luego resuélvanlas.

$$3 \times 51 \qquad 2 \times 48 \qquad 4 \times 61 \qquad 2 \times 89$$

Propuesta 9

Marcar los cálculos incorrectos y justificar la respuesta.

✓ **5 x 69**

◯ 5 x 70 - 1 = 5 x 7 x 10 - 1 = 35 x 10 - 1 = 350 - 1 = **349**

◯ 5 x 70 – 5 x 1 = 350 - 5 = **345**

◯ (5 x 7 x 10) - (5 x 1) = 35 x 10 - 5 = 350 - 5 = **345**

✓ **3 x 92**

◯ 3 x 90 + 3 x 2 = 3 x 3 x 3 x10 + 6 = 27 x 10 + 6 = 270 + 6 = **276**

◯ 3 x 10 x 9 +3 x 1 = 30 x 3 x 3 + 3 = 90 x 3 + 3 = 270 + 3 = **273**

◯ 3 x90 + 3x2 = 270 + 6 = **276**

Propuesta 10

Escribir tres productos e indicar con qué cálculos se puede acceder a ellos.

En las *propuestas 7 y 8* se trata de extender el recurso identificado en "3 x 20" a otras multiplicaciones.

Mientras que la *propuesta 9* está orientada a que los niños identifiquen procedimientos incorrectos y la *propuesta 10* a que generalicen los conocimientos identificados en las propuestas anteriores, dado que se espera que los niños sean capaces de expresar: "La multiplicación por 20 permite acceder a multiplicaciones por 19, 18, 17, 21 y 22", "Con la multiplicación por 30 podemos resolver multiplicaciones por 31, 32, 29 y 28", "Las multiplicaciones de los números redondos, 20, 30, 40, 50 nos permiten resolver otras que son uno o dos o tres números más grandes o más pequeños"...

Será importante que el docente, para asegurarse la comprensión de los procedimientos realizados, proponga puestas en común de las situaciones presentadas.

En este apartado, el trabajo de cálculos mentales se basa en la propiedad distributiva respecto de la suma y la resta, lo cual permitirá a los niños reconocer el valor que esta propiedad tiene como herramienta que sirve tanto para facilitar cálculos como para probar la validez de un procedimiento.

Resolver multiplicaciones a partir de cálculos conocidos.

A medida que los niños avanzan en sus conocimientos relacionados con la descomposición de factores y con el análisis de las relaciones implicadas en las tablas, se les puede proponer que, en grupos de tres o cuatro alumnos, resuelvan una situación como la siguiente:

Completar la tabla sin volver a hacer los cálculos, usando los productos que se presentan a continuación.

2 x 26 = 52   3 x 26 = 78   4 x 26 = 104   5 x 26 = 130

X 26	6	8	10	30	40	100

Una vez que los diferentes grupos resolvieron la actividad se realizará una puesta en común en la cual se intercambian las estrategias utilizadas, se analizan las más pertinentes y económicas, así como las erróneas. Es de esperar que entre todos puedan identificar que:

- ✓ *6 x 26* se puede obtener a partir de:
  3 x 26 porque 6 es el doble de 3, por lo tanto, 6 x 26 = 156;
  2 x 26 porque 6 es el triplo de 2, por lo tanto, 6 x 26 = 156;
  4 x 26 + 2 x 26 porque 4+2 = 6, entonces 104 + 52 = 156;
  5 x 26 + 1 x 26, porque 5+1 = 6, entonces 130 + 26 = 156.

- ✓ *8 x 26* se puede obtener a partir de 4 x 26, porque 8 es el doble de 4, por lo tanto, 8 x 26 = 208.

- ✓ *10 x 26* se puede obtener a partir de:
  5 x 26, porque 10 es el doble de 5, por lo tanto, 10 x 26 = 260.
  Agregar un cero al número 26, así 10 x 26 = 260.

- ✓ *30 x 26* se puede obtener a partir de:
  10 x 26, porque 30 es el triplo de 10, entonces 30 x 26 = 780.
  6 x 5 x 26 ó 3 x 2 x 5 x 26, porque 6 x 5 es 30 y 3 x 2 x 5 también es 30.

- ✓ *40 x 26* se puede obtener a partir de:
  10 x 26 porque 40 es el cuádruple de 10, entonces 40 x 26 = 1040.
  8 x 5 x 26 ó 4 x 2 x 5 x 26 ó 2 x 2 x 2 x 5 x 26 porque 8 x 5, 4 x 2 x 5 y 2 x 2 x 2 x 5 es igual a 40.

- ✓ *100 x 26* se puede obtener agregando dos ceros al número 26, así 100 x 26 = 2600.

Otras propuestas posibles de plantear a los alumnos son:

Propuesta 11

Completa el cuadro indicando en cada caso cómo lo realizaste.

1x39	2x39	3x39	4x39	5x39	6x39	7x39	8x39	9x39	10x39
	78			195			312		

Propuesta 12

A partir del cuadro de la propuesta 11, resuelve estos productos, indicando en cada caso cómo lo hiciste.

12 x 39   15 x 39   18 x 39   20 x 39

Propuesta 13

A partir del cuadro de la propuesta 11, escribe tres expresiones multiplicativas que se puedan resolver con esos datos.

Propuesta 14

A partir de 2 x 40 = 80 calcula:

2 x 400   20 x 40   200 x 4   6 x 40   8 x 40.

Explica en cada caso las decisiones que tomaste.

Propuesta 15

Sabiendo que 80 x 20 = 1600, escribe tres cálculos que se puedan resolver a partir de esa expresión. Explica en cada caso los porqué.

Propuesta 16

Utilizando las multiplicaciones por 10, 100, 1000 resuelve estos productos e indica en cada caso cómo lo hiciste.

36 x 5   52 x 25   31 x 50   45 x 6

En las propuestas presentadas se apunta a que los niños, para resolverlas, deban usar las relaciones multiplicativas que construyeron al analizar las tablas de multiplicar, las de las multiplicaciones por 10, 100 y 1000, y las multiplicaciones a partir de números redondos.

En la *propuesta 11*, los niños deberán completar el cuadro; luego, en la *propuesta 12*, usando el cuadro, deberán buscar el resultado de productos, y en la *propuesta 13*, se les plantea la búsqueda de expresiones multiplicativas diferentes a las presentadas y que se puedan resolver con los datos del cuadro.

La *propuesta 14* plantea que los niños deben obtener varios productos a partir de otro conocido, mientras que, en la *propuesta 15*, se da un producto conocido y son ellos quienes deben buscar las formas multiplicativas a resolver con base en dicho producto. Finalmente, en la *propuesta 16*, se restringen las posibilidades de solución, dado que deben resolver sólo a partir de la multiplicación por 10, 100 y 1000.

En todas se les solicita explicar lo realizado; esto es importante dado que el docente deberá propiciar un espacio destinado a la socialización de lo realizado para que los niños comprendan que la resolución hallada es una de las posibles y no la única.

Cálculo estimativo

El cálculo estimativo se utiliza tanto para resolver problemas o situaciones que no requieren de una respuesta exacta —como actividad anticipatoria—: *¿Dará más o menos que...?*, así como para verificar aproximadamente si está bien el cálculo realizado por otro medio —a manera de control posterior—: *¿Es posible el resultado obtenido?*

Algunas estrategias que permiten estimar son:
- ✓ "Redondear", por ejemplo, ante 389 x 99, uno puede pensar 400 x 100, y de esa forma, obtener un resultado aproximado diciendo *"El resultado será menor a 40.000"*.
- ✓ "Leer" la información que los cálculos suministran, por ejemplo: *"Sabiendo que 24 x 10 = 240 decir si 24 x 26 será mayor, menor o igual a 300"*. Es de esperar que los niños sean capaces de comprender que 24 x 26 es más que el doble de 24 x 20, por lo tanto, la respuesta sería *"Es mayor que 300"*.

Algunas situaciones posibles de ser presentadas a los alumnos son:

Propuesta 17

Los tornillos
En 12 cajas de 500 tornillos, ¿habrá más o menos de 5000 tornillos? ¿Por qué?

Propuesta 18

Los caramelos
En 222 cajas de 1.000 caramelos cada una, ¿habrá más o menos que 100.000 caramelos? ¿Por qué?

Propuesta 19

Los bombones
Marisa compra 5 cajas de bombones de fruta para obsequiar a sus clientes por fin de año. Cada caja cuesta $ 85 ¿Es cierto que gastará entre $ 400 y $ 500? ¿Por qué?

Propuesta 20

En el supermercado
Susana va al supermercado y compra 5 botellas de gaseosa a $ 11 cada una y dos paquetes de papas fritas a $ 8 cada uno. Antes de llegar a la caja piensa "Tengo $ 100, ¿me alcanzará?". ¿Qué le respondes a Susana? ¿Por qué?

Propuesta 21

Los cálculos
Usar estos cálculos:

   58 x 10 = 580   58 x 100 = 5.800
   58 x 1.000 = 58.000   58 x 10.000 = 580.000

para decidir y justificar si:
  ✓ 58 x 26 es mayor, menor o igual a 600,
  ✓ 58 x 989 es mayor, menor o igual a 60.000,
  ✓ 58 x 11.111 es mayor, menor o igual a 110.000,
  ✓ 58 x 350 es menor, mayor o igual a 30.000.

Propuesta 22

¿Qué es SÍ o NO?
Responder por SÍ o NO y explicar el porqué de la respuesta.
✓ El resultado de 25 x 102 estará entre 2.000 y 3.000.
✓ ¿Es cierto que 45 x 20 da un valor comprendido entre 800 y 1.500?
✓ El producto de 102 x 20 da un número comprendido entre 1.500 y 2000.

Propuesta 23

¿Cuál es el resultado?
Marcá el resultado de los productos del cuadro y escribí el cálculo usado.

Productos	El resultado está entre				Lo pensé a partir de
	2.000 y 5.000	10.000 y 20.000	30.000 y 40.000	60.000 y 80.000	
62 x 598					
45 x 300					
12 x 199					
181 x 397					
72 x 178					

En las *propuestas 17, 18, 19 y 20* se presenta la estimación a partir de situaciones problemáticas. Las dos primeras apuntan a que los alumnos utilicen sus conocimientos de cálculos mentales de multiplicaciones por 10, 100 y 1.000 para dar respuesta al interrogante planteado. Mientras que, en la *propuesta 19*, deberán recurrir al redondeo pensando, por ejemplo, que

5 x 85 se acerca a 5 x 90, y a partir de ahí, resolver el interrogante planteado. En cambio, la *propuesta 20* implica un mayor grado de complejidad, dado que si bien pueden, también, recurrir al redondeo haciendo 5 x 10 y 2 x 10, deberán guardar en memoria ambos resultados para sumarlos y, a partir de ello, responder a lo preguntado.

En cambio, las *propuestas 21, 22, y 23*, son descontextualizadas. En la *propuesta 21*, se presentan cálculos relacionados con las multiplicaciones por 10, 100 y 1.000 que los alumnos deberán "leer" para comprender la información que suministran y así poder responder a lo solicitado. En cambio, en la *propuesta 22*, a partir del redondeo de los números, podrán establecer si la afirmación es verdadera o falsa. En la *propuesta 23*, deberán recurrir nuevamente al redondeo para saber entre qué resultado se halla el producto dado y escribir el cálculo usado.

En todas estas propuestas se solicita justificar las decisiones tomadas para que, al presentarlas en un espacio de socialización, los alumnos puedan comprender que existen varias formas de resolución.

Cálculo mecanizado

Los cálculos mecanizados son los que se realizan por medios que proporcionan los resultados directa e inmediatamente, sin necesidad de pasos intermedios que requieran memorización o anotación. Este cálculo se realiza utilizando calculadoras.

En los últimos años las calculadoras se han convertido en un medio de cálculo muy utilizado por la mayoría de los ciudadanos. También la calculadora es una herramienta a la que se recurre en la Escuela Primaria, desde los primeros años de escolaridad, para resolver determinado tipo de actividades.

Las calculadoras, dentro de la clase de matemática, pueden ser usadas para calcular y verificar cálculos así como para resolver problemas.

Se las utiliza *para calcular* cuando se presenta a los alumnos una situación en la cual deben buscar las relaciones entre los datos, descubrir las restricciones que aparecen para, por último, decidir qué operación realizar. Operación que resuelven en forma mecanizada, con la calculadora. Aquí el obstáculo cognitivo no está en el cálculo, sino en la comprensión de la situación, en el descubrir cuál operación resuelve el interrogante planteado. La calculadora, en este caso, aporta rapidez en el cálculo; el niño antes de usarla debió hacer un tratamiento matemático de la situación.

También sirve *para verificar* los cálculos realizados por otros medios, sean, mentales, estimativo o algorítmico.

Además, se la usa *para resolver situaciones problemáticas.* Aquí el docente plantea situaciones tales que, para su resolución, es necesario disponer de una calculadora; pero lo que se solicita, lo que resuelve la situación no son los números que aparecen en pantalla.

Al respecto, Cockcroft dice: "la disponibilidad de la calculadora no reduce de ninguna manera la necesidad de comprensión matemática por parte de la persona que la está utilizando".

Algunas posibles actividades a plantear a los alumnos son:

Propuesta 24

Completá la columna del medio con una operación de multiplicar que te permite pasar del número de la columna de la izquierda al número de la columna de la derecha. Puedes valerte de la calculadora para dar la respuesta.

29		87
4		400
569		1138
8		400
67		670
12		12000

Propuesta 25

Anota 35 en la calculadora, realiza una multiplicación que te permita pasar al número 350 y así sucesivamente. Anota en los casilleros en blanco la multiplicación realizada.

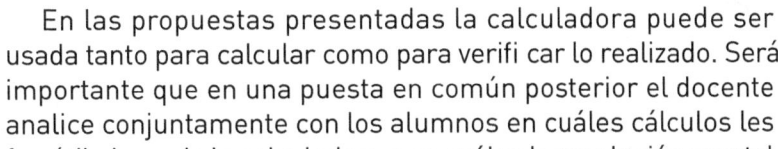

Propuesta 26

Mentalmente escoge tres números que multiplicados den:
- ✓ 140, tomados entre 10 - 7 - 2 - 5;
- ✓ 350, tomados entre 7 - 5 - 10 - 4;
- ✓ 180, tomados entre 9 - 10 - 2 - 100;
- ✓ 600, tomados entre 12 - 5 - 10 - 6.

Podés ayudarte con la calculadora.

Propuesta 27

El producto de dos números es 24.
Establecer un resultado en el cual los números sean naturales.
Puedes valerte de la calculadora.

En las propuestas presentadas la calculadora puede ser usada tanto para calcular como para verificar lo realizado. Será importante que en una puesta en común posterior el docente analice conjuntamente con los alumnos en cuáles cálculos les fue útil el uso de la calculadora y en cuáles la resolución mental es el procedimiento más rápido.

Por ejemplo, si analizamos la *propuesta 24* será de esperar que comprendan que para:

- ✓ pasar de 4 a 400 es más rápido el cálculo mental pues 4 x 100 = 400,
- ✓ en cambio, para pasar de 569 a 1138 es útil la calculadora, y así saber que 569 x 2 = 1138.

Este tipo de reflexiones permitirá desmitificar la idea de que siempre el uso de la calculadora es rápido y económico.

Cálculo algorítmico

Los cálculos algorítmicos consisten en una serie de reglas aplicables en un orden determinado, siempre del mismo modo, independientemente de cuáles sean los números en juego.

Si bien el cálculo mental y el cálculo algorítmico son diferentes no podemos decir que se oponen uno al otro, sino todo lo contrario, los conocimientos construidos acerca de uno y otro tipo de cálculo se alimentan recíprocamente.

Antes de introducir a los alumnos en el cálculo algorítmico es importante que posean saberes relacionados con los cálculos mentales, así como con las descomposiciones de números naturales, y también que tengan cierto dominio sobre la tabla de multiplicar y la multiplicación por 10, 100 y 1000.

Supongamos que se les plantea a los alumnos que resuelvan 145 x 4.

Algunas de las posibles resoluciones pueden ser:

Solución 1	*Solución 2*
145 = 100 + 40 + 5	145 = 100 + 40 + 5
100 x 4 = 400	4 = 2 + 2
40 X 4 = 160	100 x 2 = 200
5 x 4 = 20	40 x 2 = 80
400 + 160 + 20 = **580**	5 x 2 = 10
	200 + 80 + 10 = 290
	290 + 290 = **580**

Solución 3

$$145 = 100 + 40 + 5$$
$$4 = 3 + 1$$
$$100 \times 3 = 300$$
$$40 \times 3 = 120$$
$$5 \times 3 = 15$$
$$300 + 120 + 15 = 435$$
$$435 + 100 + 40 + 5 = \mathbf{580}$$

Solución 4

$$145 = 100 + 40 + 5$$
$$4 = 5 - 1$$
$$100 \times 5 = 500$$
$$40 \times 5 = 200$$
$$5 \times 5 = 25$$
$$500 + 200 + 25 = 725$$
$$725 - 145 = \mathbf{580}$$

Los alumnos, por lo general, descomponen uno o ambos de los factores, realizan las multiplicaciones y luego suman o restan según corresponda.

En las resoluciones han puesto en movimiento sus conocimientos acerca de la descomposición de números naturales, de las multiplicaciones por 100; han usado algunos productos que poseen en disponibilidad de memoria, sus conocimientos acerca del elemento neutro de la multiplicación de números naturales y de la propiedad distributiva.

Después de que se discuta en forma conjunta acerca de lo producido, el docente puede decir que un grupo de alumnos resolvió la operación de otra forma y les ofrece que en grupo analicen lo realizado.

Resolución 1

```
    1 4 5           1 4 5
   x   4           x   4
   -----           -----
    4 0 0            2 0
  + 1 6 0         + 1 6 0
      2 0          4 0 0
   -----           -----
    5 8 0           5 8 0
```

Es de esperar que los niños, a partir de tales discusiones, puedan darse cuenta de que:
- ✓ 400 se obtiene al multiplicar 100 x 4,
- ✓ 160 al multiplicar 40 x 4,
- ✓ 20 es el resultado de 5 x 4.
- ✓ Puedo comenzar a multiplicar desde las unidades o desde las centenas.

Una vez finalizado el análisis de lo producido, se les puede presentar la siguiente situación para que la analicen en grupos.

Resolución 2

$$\begin{array}{r} 1\,2 \\ 1\,4\,5 \\ \times\,4 \\ \hline 5\,8\,0 \end{array}$$

A partir del análisis conjunto, los alumnos deberían comprender que al decir:
- ✓ 5 x 4 = 20 el cero corresponde a las unidades, por eso se lo coloca debajo del 5 y el 2 que es decena se lo coloca con las decenas.
- ✓ 4 x 4 hace referencia a 40 x 4 = 160 + 2 decenas = 180, por lo tanto colocamos el 8 de las decenas debajo del 4 y el 1 lo colocamos arriba de las centenas.
- ✓ 1 x 4 indica 100 x 4 = 400 + 1 centena = 500, así colocamos el 5 de las centenas debajo del 1.

También es importante que el docente proponga comparar las *resoluciones 1* y *2* para que los alumnos se den cuenta de que en ambos casos se realizan los mismos pasos con la diferencia de que, en la *resolución 1*, los productos intermedios se escriben en su totalidad y al final se suma, por lo tanto, esos algoritmos son más transparentes que el de la *resolución 2*, algoritmo convencional.

Reflexiones similares se pueden proponer ante situaciones como: *124 x 35.*

Resolución 1

$$124 = 100 + 20 + 4$$
$$35 = 30 + 5$$
$$(100 + 20 + 4) \times (30 + 5)$$
$$100 \times 30 = 3000$$
$$20 \times 30 = 600$$
$$4 \times 30 = 120$$
$$100 \times 5 = 500$$
$$20 \times 5 = 100$$
$$4 \times 5 = 20$$
$$3.000 + 600 + 120 + 500 + 100 + 20 = \mathbf{4.340}$$

Resolución 2

```
    124
   x 35
   3000   (100 x 30)
    600   (20 x 30)
    120   (4 x 30)
+   500   (100 x 5)
    100   (20 x 5)
     20   (4 x 5)
   4340
```

Resolución 3

```
    124
   x 35
     20   (4 x 5)
    100   (20 x 5)
    500   (100 x 5)
+   120   (4 x 30)
    600   (20 x 30)
   3000   (100 x 30)
   4340
```

```
        Resolución 4              Resolución 5
             1                         1
           1 2                       1 2
           124                       124
           x 3 5                     x 3 5
         + 6 2 0  (124 x 5)        + 6 2 0  (124 x 5)
          3 7 2 0  (124 x 30)        3 7 2 -  (124 x 3)
          4 340                      4 340
```

De esta forma, tomando como punto de partida las construcciones anteriores, los alumnos pueden resolver multiplicaciones por dos dígitos, que en apariencia son más difíciles, usando las mismas estrategias que en las multiplicaciones por un dígito.

Es importante que el docente haga especial hincapié en que se comprenda la diferencia entre las *resoluciones 4 y 5* en relación a 124 x 30 y 124 x 3.

El planteo del cálculo algorítmico no debe anular otras formas de resolución; todas son importantes y necesarias. Debe ser el niño quien decida la forma que más le conviene frente a la situación que se le presente.

En síntesis

Los tipos de cálculos analizados en este apartado se pueden sintetizar a partir del siguiente cuadro.

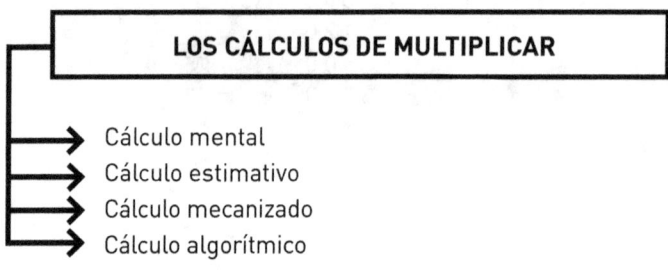

Bibliografía

Broitman, C. (1999) *Las operaciones en el Primer Ciclo. Aportes para el trabajo en el aula.* Ediciones Novedades Educativas. Buenos Aires.

——— (2008) *Cálculo mental con números naturales. 3º ciclo de la Escuela Primaria.* Gobierno de la Ciudad de Buenos Aires. Ministerio de Educación. Dirección de Planeamiento. Dirección de Currícula.

Castro, E., L. Rico y E. Castro (1995) *Estructuras aritméticas elementales y su modelización.* Grupo Editor Iberoamérica. México.

Cockroft Report (1982) *Mathematics Counts.* HMSO. Londres.

ERMEL (Equipo de Didáctica de la matemática) (1990) *Aprendizajes numéricos y resolución de problemas.* Instituto de Investigación Pedagógica. Athier. París.

Gobierno de la Ciudad de Buenos Aires, Secretaría de Educación, Subsecretaría de Educación. Dirección General de Planeamiento. Dirección de Currículum (1997) *Matemática. Documento de trabajo Nº 4.* Gobierno de la Ciudad Autónoma de Buenos Aires.

——— (2004) *Diseño Curricular Para la Educación Primaria.* Gobierno de la ciudad Autónoma de Buenos Aires.

Gobierno de la Ciudad de Buenos Aires, Secretaría de Educación, Subsecretaría de Educación. Dirección General de Planeamiento. Dirección de Currículum (2006) *Matemática. Cálculo mental con números naturales. Apuntes para la enseñanza.* Gobierno de la Ciudad Autónoma de Buenos Aires.

Gobierno de la Provincia de Buenos Aires, Dirección General de Cultura y Educación (2008) *Diseño Curricular Para la Educación Primaria.* La Plata.

González, A. (2007) "Los cálculos y el aprendizaje de los números y sus propiedades". En: Revista *A Construir*, N° 2. Ediciones MV.

———— (2007a) *La multiplicación. ¿Qué significa saber multiplicar?* En: Revista *A Construir*, N° 4. Ediciones MV.

Guibourg, F. y P. Lanza (2010) "Cálculo mental en Primer Ciclo. Multiplicación y división en 3° grado". En: Revista *A Construir*, N° 4. Ediciones MV.

Maza Gómez, C. (1991) *Enseñanza de la multiplicación y división.* Editorial Síntesis. Madrid.

Ministerio de Educación Ciencia y Tecnología (2006) *Núcleos de Aprendizajes Prioritarios (NAP).* Presidencia de la Nación.

Parra, C. e I. Saiz (2007) *Enseñar aritmética a los más chicos. De la exploración al dominio.* Homo Sapiens Ediciones. Rosario.

Xavier de Mello, A. (2003) "Nuevas miradas a viejas prácticas. Enseñar las tablas de multiplicar". En: Revista *Quehacer Educativo* N° 59. FUM. Montevideo.

www.ingramcontent.com/pod-product-compliance
Lightning Source LLC
Chambersburg PA
CBHW080558220526
45466CB00010B/3191